科技优先发展领域遴选的方法与实践

杨国梁 等 著

科学出版社

北京

内 容 简 介

本书系统地梳理科技优先发展领域遴选的理论基础、现状分析、组织机制、方法和模型，并结合国内外的实践案例，提出了针对性的建议。书中不仅讨论了遴选的理论框架，还深入分析了遴选过程中的组织设计和流程问题，总结了定性、定量和综合方法在遴选中的应用。通过国际实践案例的分析，展示了不同国家/组织在科技规划方面的经验和做法，旨在为我国科技发展政策规划提供理论支持和实践指导，为科技资源的优化配置、解决国家重大需求问题和探索科技前沿提供助力。

本书可供科技决策者、科技管理者、参与科技规划编制工作的人员，以及其他科技工作者参考。

图书在版编目（CIP）数据

科技优先发展领域遴选的方法与实践 / 杨国梁等著. ——北京 ：科学出版社，2024.9

ISBN 978-7-03-077662-4

Ⅰ. ①科… Ⅱ. ①杨… Ⅲ. ①科技发展-研究-中国 Ⅳ. ①G322

中国国家版本馆 CIP 数据核字（2024）第 016722 号

责任编辑：杨逢渤 / 责任校对：樊雅琼
责任印制：赵 博 / 封面设计：无极书装

科 学 出 版 社 出版
北京东黄城根北街 16 号
邮政编码：100717
http://www.sciencep.com
北京厚诚则铭印刷科技有限公司印刷
科学出版社发行 各地新华书店经销
*
2024 年 9 月第 一 版 开本：787×1092 1/16
2024 年 11 月第二次印刷 印张：15 3/4 插页：2
字数：380 000
定价：168.00 元
（如有印装质量问题，我社负责调换）

个 人 简 介

　　杨国梁，博士，研究员/教授，博士生导师。中国科学院科技战略咨询研究院科技发展战略研究所党支部书记兼学术所长，中国科学院改革发展重大问题研究支撑中心执行主任，中国科学院大学岗位教授，中国发展战略学研究会常务理事、智库专业委员会秘书长，成都市发展和改革委员会学术委员会委员，北京工商大学特聘教授，*Socio-Economic Planning Sciences* 副主编，*Journal of Data and Information Science* 编委，*International Journal of Energy Sector Management* 编委，《科技促进发展》编委。

　　研究方向为科技规划与管理、智库理论与方法、决策理论与方法。主持过 50 多项来自英国皇家工程院、德意志学术交流中心、国务院研究室、国家发展和改革委员会、教育部、科技部、农业农村部、中国科学院、国家自然科学基金委员会、国家石油天然气管网集团有限公司、国家电网有限公司等机构的委托与竞争性项目课题，取得了一批决策咨询成果和理论方法研究成果，得到宏观决策部门和学术同行的广泛认可，多次获得党和国家领导人实质性批示。截至 2024 年 6 月，发表学术论文 160 多篇［其中 SCI/SSCI 论文 90 余篇，被引用 4200 余次（Google Scholar）］，出版学术专著 10 余部。

《科技优先发展领域遴选的方法与实践》
研究组

组　长：杨国梁

副组长：王　微　刘慧晖　朱闲庭

成　员（按姓名拼音排序）：

曹　建	陈晓雷	崔　媛	樊　天
何西杰	黄依迪	姜　琛	刘开迪
刘肖肖	刘　阳	娄渊雨	马毅恒
潘　浩	齐巧霞	任宪同	尚方平
宋瑶瑶	王俊程	王一帆	魏晶晶
熊　曦	闫宇航	杨越麟	袁莉莉
占　莎	詹智莉	赵腾宇	赵新宇

顾问专家组（排名不分先后）

综 合 领 域

周　南，国家发展和改革委员会发展战略和规划司原副司长、一级巡视员

胥和平，科学技术部办公厅原副主任、调研室原主任

赵　路，财政部教科文司原司长

龚　旭，国家自然科学基金委员会政策局法规处处长、研究员

方　新，中国科学院原党组副书记

谢鹏云，中国科学院发展规划局原局长

穆荣平，中国科学院科技战略咨询研究院原党委书记

陶　诚，中国科学院武汉文献情报中心主任

农业科技领域

王　韧，中国农业国际合作促进会国际农业智库副主席，中国农业科学院深圳农业基因组所高级顾问，中国农业科学院原副院长，联合国粮食及农业组织原助理总干事，国际农业研究磋商组织原秘书长

钱万强，中国农业科学院重大任务局局长、研究员

王琴芳，中国农业国际合作促进会副秘书长、国际农业智库副主席

胡瑞法，北京大学现代农业研究院研究员，国家杰出青年科学基金获得者

杨永坤，中国农业科学院麻类研究所所长、研究员（中国农业科学院乡村建设与治理专家团团长）

毛世平，中国农业科学院农业经济与发展研究所党委书记兼副所长、研究员

气象科技领域

李丽军，中国气象局气象发展与规划院党委书记兼院长

王邦中，中国气象局预报司原一级巡视员、推进气象高质量发展领导小组办公室原副主任

姜海如，湖北省气象局原副局长

钱传海，中国气象局首席气象专家（台风领域专家）

申丹娜，中国气象局气象发展与规划院首席专家

航天科技领域

薛长斌，中国科学院国家空间科学中心月球与深空探测总体部副总工程师、研究员

钟红恩，中国科学院空间应用工程与技术中心空间应用系统副总设计师、研究员

张　伟，中国科学院空间应用工程与技术中心研究员

果琳丽，中国空间技术研究院航天东方红卫星有限公司研究员

钱　航，中国航天科技集团航天科普专家

能源科技领域

蒋莉萍，国网能源研究院有限公司原副院长
鲁　刚，国网能源研究院有限公司能源规划研究所所长
郑海峰，国网能源研究院有限公司能源供需研究所所长
杨　艳，中国石油经济技术研究院能源科技研究所所长
张焕芝，中国石油经济技术研究院能源科技研究所副所长

交通科技领域

史天运，中国铁道科学研究院集团有限公司副总工程师、研究员
葛建明，中国铁道科学研究院集团有限公司科学技术信息研究所党委书记兼副所长、高级工程师
贾光智，中国铁道科学研究院集团有限公司科学技术信息研究所副所长、研究员
王晓刚，中国铁道科学研究院集团有限公司科学技术信息研究所科技成果管理办公室主任、研究员
周　南，西南交通大学科学技术发展研究院副院长、研究员
王艳辉，北京交通大学交通运输学院教授

序 一

当前，世界百年未有之大变局加速演进，科技革命与大国博弈相互交织，科技成为国际竞争最前沿和主战场，深刻重塑全球秩序和发展格局。同时，新一轮科技革命和产业变革突飞猛进，学科交叉融合不断发展，科学研究范式发生深刻变革，科技和经济社会发展加速渗透融合。为了提升国家的科技创新能力，抢占科技竞争和未来发展制高点，需要通过科学方法遴选科技发展的重点领域和优先主题，坚持有所为有所不为，凝练实施一批重大科技项目，形成竞争优势，赢得战略主动。

在此背景下，科技优先发展领域的遴选显得尤为重要。它是在科技资源有限的前提下，充分考虑国家需求和国家利益，权衡国际科学发展趋势，运用科学的方法，确立未来科技发展的主攻方向和重点领域，以期在科技、经济和社会效益等方面获得最大回报。针对我国科技创新发展过程中面临的迫切需求，科技优先发展领域遴选活动可以在有效利用现有科技资源的基础上，指引未来一段时期内科学研究的主攻方向，为未来科技发展发挥导向作用，指导科技资源向科技优先发展领域倾斜，引导科学家更好地围绕国家战略需求和学科前沿开展创新研究，对于提升创新能力、提高发展效能，合理配置、有效利用有限科技资源，推动实现我国高水平科技自立自强目标具有重要的现实意义。

综观全球，美国、德国、英国、澳大利亚、日本、欧盟等国家或经济体，都开展了丰富的科技优先发展领域遴选实践，覆盖海洋科学、航空航天、生命科学、数字经济等多个领域。由于国情和科技发展水平的影响，这些国家的科技优先发展领域遴选在遴选原则、遴选方法、组织机构、遴选流程等方面各有差异，但其遴选实践经验存在共通因素和可供借鉴之处。我国的科技优先发展领域遴选工作也取得了实践层面的进展，国家自然科学基金委员会、中国科学院、科学技术部、中国工程院等，分别依托国家自然科学基金发展规划、中国科学院战略性先导科技专项、国家科技重大专项、中国工程科技中长期发展战略研究等项目开展科技优先发展领域遴选工作，得益于相对完善的组织机制和完整的遴选流程，取得了很多成果，为推动我国科技自主创新能力的跨越式发展作出了重要贡献。

我在担任中国科学技术信息研究所所长期间，曾作为专家参加《国家中长期科学和技术发展规划纲要（2006—2020）》战略研究工作，并参与了部分《国家中长期科学和技术发展规划纲要（2006—2020）》重大专项实施方案的论证工作，通过准确的科技情报、翔实的各类数据、专业的方法工具为科技发展重点领域和优先主题遴选提供有效支撑。随后，我在科学技术部担任政策法规与监督司司长和副秘书长以及担任国务院参事期间，也一直关注如何科学遴选科技优先发展领域，从而有效支撑高质量科技创新规划编制，提高科技投入效能。

现阶段，科技管理部门和学术界对于如何遴选科技优先发展领域，并管理好遴选流程，还缺乏系统性的研究。我很高兴看到杨国梁研究员等编写的《科技优先发展领域遴选的方法与实践》的付梓出版。这部专著从科技优先发展领域遴选的理论基础入手，综合分析科技优先发展领域遴选的研究现状、方法模型，系统梳理美国国家研究理事会、美国国家科学基金会、美国国家航空航天局、欧盟委员会等9个机构的典型科技优先发展领域遴选实践案例，对遴选目的、方式流程、实施成效等进行概括提炼，并进行比较研究，提出进一步优化我国科技规划编制过程中科技优先发展领域遴选工作的若干建议。

希望这本书的出版能为我国加快实现高水平科技自立自强提供有益的参考，为推动中国式现代化的深入发展贡献一份力量。同时，也期待这本书能够引起更多读者对科技优先发展领域遴选的关注和思考，共同为我国科技创新事业的发展贡献力量。

贺德方

中国科技评估与成果管理研究会理事长

2024 年 9 月 18 日

序　二

在科技竞争日益白热化的当今世界，发展现代和未来科技成为大国之间战略竞争的重要手段，但受历史状况、发展阶段、科技综合实力和优势领域、财力支持力度和人才储备状况等实际情况影响，即便如世界经济和科技头号强国的美国，也不大可能在所有的科技领域都处于领先地位，也都需要遴选优先发展的科技领域进行重点战略布局，并通过科技优先发展领域的遴选有效利用现有科技资源，指引资源向关键核心且竞争激烈的战略科技领域倾斜，引导科学家更好地开展创新研究。杨国梁研究员等的这本专著对科技优先发展领域的遴选具有全球普适意义，尤其对现阶段我国科技优先发展领域遴选具有非常重要的参考价值。

党的十八大以来，我国坚持把科技创新摆在国家发展全局的核心位置，就科技创新提出一系列新论断、新要求，对建设科技强国进行全局谋划和系统部署，推动我国科技事业发生历史性变革、取得历史性成就，为全面建成社会主义现代化强国、实现中华民族伟大复兴奠定了更加坚实的基础。毫无疑问，高水平科技自立自强是推动高质量发展的必由之路。为此，党的二十大作出了"加快实现高水平科技自立自强"的战略部署。发展新质生产力是现阶段科技自立自强的战略部署，是推动高质量发展的内在要求和重要着力点。新质生产力就是以科技创新为主导，摆脱传统经济增长方式和生产力发展路径，具有高科技、高效能、高质量特征，符合新发展理念的先进生产力质态。2014年3月，习近平总书记在湖南考察时指出"科技创新是发展新质生产力的核心要素。要在以科技创新引领产业创新方面下更大功夫"。

科技规划与发展新质生产力是相辅相成的。科技规划为我国科技发展提供了重要保障，也将进一步为发展新质生产力提供助力。科学合理的科技规划能够为新质生产力的培育和发展提供清晰的蓝图与有力支持，而新质生产力的不断涌现和发展又能够反过来推动科技规划的实施与完善。这种互动关系是推动社会进步和经济发展的重要动力。一方面，科技规划是对未来科技发展的前瞻性设计和战略部署。它通过确定科技优先发展领域，为新质生产力的培育和发展提供方向和目标。另一方面，新质生产力的产生往往依赖于科技创新和突破。科技规划通过优化资源配置、加强基础研究和应用研究等各类研究，为新质生产力的形成提供坚实的科技基础。

科技优先发展领域的遴选是科技规划编制中不可或缺的关键环节，它不仅在很大程度上代表了一个国家的未来科技发展方向，而且对于培育和发展新质生产力具有深远的影响。通过科技优先发展领域的遴选，可以引导科学家、研究者和企业研发人员紧密围绕国家战略需求与科学前沿，开展创新研究，推动新技术、新产品和新服务的产生。同时，科技优先发展领域的遴选能够在有效利用现有科技资源的基础上，指导科技资源向关键领域集中，实现资源的有效配置，促进产业结构的优化升级，加速传统产业向智能化、绿色化、服务化转型，为新质生产力的发展提供广阔的应用场景。当前，激烈的国际竞争更加紧迫地要求我国加快建设自身的科学储备，科学地形成和实施优先领域已经成为增强我国国际竞争力的重要保证。

现阶段对科技优先发展领域遴选这一问题还缺乏系统性研究。这显然对支撑我国高质量科技规划编制，进而促进科技创新发展是不够的。在这样的节点，我们欣喜地看到《科技优先发展领域遴选的方法与实践》付梓出版。该专著系统研究了科技优先发展领域遴选的理论、过程、方法等相关问题，通过对国际和国内科技规划制定与发展的实践案例分析，提出科技优先发展领域遴选的建议，相信将在很大程度上填补科技优先发展领域遴选系统研究的空白。这将有助于厘清什么是科技优先发展领域遴选、为什么遴选科技优先发展领域、如何遴选科技优先发展领域，从而为优化配置科技资源，解决国家重大需求和科技前沿问题，以及从理论、方法、组织机制和模型等方面服务国家科技优先发展领域的遴选提供支撑，为科技强国建设提供助力。

2024 年 6 月 24 日，习近平为国家最高科学技术奖获得者等颁奖并发表重要讲话强调，"科技兴则民族兴，科技强则国家强"。这本书结合了美国、英国、德国、日本等发达国家和欧盟地区的实践案例分析，以及我国国家自然科学基金委员会、科学技术部、中国科学院和中国工程院对科技优先发展领域的遴选结果，提出了我国科技优先发展领域遴选的理论、方法和模型，具有很强的实用参考价值。希望这本书能够成为科技工作者、科研管理者、科技决策者的参考用书，为我国高质量科技创新和科技自立自强发挥应有的作用。

中国科学院院士

中国地理学会理事长

2024 年 7 月 11 日

前　言

　　党的二十大报告指出，"坚持创新在我国现代化建设全局中的核心地位。""坚持面向世界科技前沿、面向经济主战场、面向国家重大需求、面向人民生命健康，加快实现高水平科技自立自强。"随着科学技术的快速发展，其在国家发展过程中的作用日益凸显。尤其是冷战结束以后，发展现代科技成为大国之间战略竞争的重要手段。然而，各国的科技资源、人力资源都是有限的，而且随着科技的不断发展，科技发展需要的条件，尤其是物质层面的支持与国家能够提供的支持之间是存在矛盾的。一个国家不可能对所有的科技领域都有所支持，对于所支持的领域，力度也有所不同，因而如何结合国家的历史状况、当前的政治经济环境、资源条件，以及未来发展目标选择科技优先发展领域进行资助，成为很多国家进行科技规划过程中的重点任务。

　　科技优先发展领域的遴选可以有效利用现有科技资源，指引资源向关键核心领域倾斜，对未来科技发展具有重要导向性，从而引导科学家更好地开展创新研究。在建设科技强国的进程中，无论是以国家目标和战略需求为导向，突破关键核心技术，还是引导加强基础研究，都离不开科技优先发展领域的遴选活动的支持。组织开展科技优先发展领域遴选活动，有助于引导科技工作者面向国家重大需求和世界科技前沿，有针对性地解决科学问题。

　　科技优先发展领域的遴选是科技规划编制的关键，选择重要且可行的问题作为科技优先发展领域遴选的依据，并对这些领域给予重点支持，是加速科技进步、促进经济社会发展的重要环节。同时，科学地遴选和实施科技优先发展领域，也是增强我国国际竞争力和实现科技发展战略目标的重要保证。有专家甚至提出，有关科学选择的研究是制定科学政策和科技规划的核心问题之一，在科技规划的编制和实施过程中，要善于使用现有的科学力量，把主要精力集中在最急需、最有意义的方向上。因此，研究科技优先发展领域遴选的理论、过程、方法等相关问题，结合具体的实践实例进行分析，将有助于厘清为什么遴选科技优先发展领域、如何遴选科技优先发展领域，从而为优化配置科技资源、解决国家重大需求问题和探索科技前沿提供助力。

2020年1月，笔者出版了《科技规划的理论方法与实践》一书，该书得到了各界好评，给了笔者极大的信心，在此诚挚感谢大家的鼎力支持！该书主要围绕科技规划的编制、实施和评估程序进行组织撰写。首先，该书从科技规划内涵的界定入手，介绍科技规划的定义、特征、分类、功能及理论依据。其次，该书对科技规划的一般过程进行梳理，将科技规划明确为编制、实施和评估三个主要阶段，并介绍科技规划不同阶段的常用方法。再次，该书着重对科技规划的编制、实施及评估阶段的理论方法进行深入探讨和分析，并附上若干案例进行讲解。最后，该书从科技规划的三个阶段介绍国际经验，案例主要来自美国、英国、德国、日本及韩国，通过对国际科技规划制定与发展的评析，提出符合中国国情的相关政策建议。该书凝练了科技规划的六个核心问题，包括：科技发展战略研究、科技优先发展领域遴选、科技规划的资源配置、科技规划的执行监测、科技规划的动态调整及科技规划的评估。为了进一步聚焦这些核心问题，详尽展示各核心问题相关的方法与实践，在《科技规划的理论方法与实践》一书的基础上，2021年以来，笔者进一步谋划了科技规划系列丛书，陆续开始编写，本书是其中之一。

本书针对科技优先发展领域遴选的方法与实践问题展开讨论，系统研究和梳理了科技优先发展领域遴选的理论及现状、科技优先发展领域遴选的组织机制、科技优先发展领域遴选的方法和模型，结合科技优先发展领域遴选的国内外实践，基于我国科学资助机构现有的科技优先发展领域遴选特点，为我国科技优先发展领域遴选提出建议，以期为我国制定并实施相关政策规划提供某种意义上的参考。

第1章主要界定科技优先发展领域遴选的内涵，并阐述了科技优先发展领域遴选的必要性、理论基础、研究现状。第2章主要界定科技优先发展领域遴选的组织机制。将科技优先发展领域遴选的组织机制问题，划分为科技优先发展领域遴选的组织设计问题和遴选流程问题，并具体展开论述。第3章总结梳理出科技优先发展领域遴选的主要方法和常用模型，按照定性方法、定量方法、综合方法分别描述。第4章主要描述国外相关组织或项目的科技优先发展领域遴选的国际实践案例，分别从美国、澳大利亚、英国、日本、德国等科技发达国家和欧盟地区选择其相关机构组织科技优先发展领域遴选的组织流程进行阐述。在对这些机构进行简要介绍的基础上，重点描述了其遴选科技优先发展领域的组织流程。第5章主要描述国内相关组织或项目的科技优先发展领域遴选案例，选取国家自然科学基金委员会、中国科学院、科学技术部、中国工程院典型科技优先发展领域遴选案例进行阐述，重点进行机构的组织机制和遴选流程介绍。第6章主要总结国内外科技优先发展领域遴选的实践，对国内外科技优先发展领域遴选的共性特点进行梳理，在此基础上为我国科技优先发展领域遴选提出相关管理和政策建议。

在本书的写作过程中，笔者得到了多位科技规划与科技政策领域专家的指导和鼓励，在此对这些专家致以崇高的敬意和感谢！特别感谢国家自然科学基金委员会孙粒处长，国家石油天然气管网集团有限公司张斌、李莉、孙云峰、王乐乐等专家的大力支持！在写作期间，笔者参与了多项相关研究任务，分别是中国科学院发展规划局部署的"科技规划和重大项目的组织实施和管理研究""面向世界一流科研机构的规划管理研究""科研机构战略规划管理""科研机构优先领域遴选与资源配置"等，国家自然科学基金委员会政策局部署的"跨学科优先发展领域遴选组织机制研究""科学资助机构优先领域形成及实施研究""科学基金'十四五'暨'中长期'跨科学部优先领域发展战略"，国家石油天然气管网集团有限公司部署的"企业科技发展战略与规划编制方法研究"，以及其他单位委托的"科学前沿领域遴选的主题聚类方法研究"相关研究课题等，这些研究任务对本书的完善有所裨益，本书还得到了国家自然科学基金（72101251）的支持，在此表示衷心感谢！

囿于时间与能力，本书写作内容难免存在疏漏，但笔者仍尽力搜集资料，力争全面述及科技优先发展领域遴选的方法与实践内容，旨在抛砖引玉，愿为中国科技事业发展，以及推动科技自立自强乃至科技强国建设目标的实现尽绵薄之力。

2023 年 12 月 12 日

目　　录

第1章 科技优先发展领域遴选的理论及现状

1.1 科技优先发展领域遴选的内涵

目前，许多学者从不同角度对科技优先发展领域的内涵进行了研究，如陈玉祥（1993）认为科技优先发展领域是指那些有望获得最大回报的领域，其既是一个战略概念又是一个动态的概念，受到各方面因素的影响；陈德棉等（1996）从学科布局的角度出发，认为科技优先发展领域不仅是简单的排序概念，还属于学科发展研究方向的概念范畴，应当合理处理"优先"与"非优先"的关系；张维等（2006）指出，科技优先发展领域是有关科技管理部门在对科学技术的未来发展进行系统研究的基础上，充分考虑科技资源的限制，权衡科学发展趋势及国家发展目标等因素，予以重点支持，以期获得最大回报而确立的未来发展主攻方向与重点领域；蒋芳等（2020）将科技优先发展领域界定为围绕特定战略目标，按照特定准则进行遴选，在未来一定的时间内在战略布局中重点支持的方向、重大任务或相关行动。

综合已有的相关研究，本书认为科技优先发展领域是在科技资源有限的前提下，充分考虑国家需求和国家利益，权衡国际科学发展趋势，运用科学的方法，确立的未来科学技术发展的主攻方向和重点领域，以期在科技、经济和社会效益等方面获得最大回报。科技优先发展领域可以指引未来一段时期内科学研究的主攻方向，引导经济和人力资源配置，在科技创新中发挥至关重要的作用。

当今世界，科学所必需的支撑条件与社会能够提供的资源供给之间的矛盾日益加剧。尽管随着经济社会的快速发展，各国科技投入的力度日益增强，但是在科技资源有限的条件下，任何一个国家都不可能对所有科学活动给予全面的支持。越来越多的国家已经认识到，适当地结合本国国情，选择重点发展的科学领域，适时地调整科研力量布局，能够使科技创新更好地服务于经济社会发展（刘云，2002；关忠诚和许惠，2008）。因此，形成优先发展的科技领域成为跨越关口的迫切要求，开展科技优先发展领域遴选研究成为推动经济社会协调发展的关键所在。

科技资源是开展科技优先发展领域遴选的物质基础，是国家可持续发展能力建设的基础，其合理有效的配置在经济发展过程中具有举足轻重的地位。科技优先发展领域遴选的出发点，正是基于经济学分析科技资源的公共物品属性，并从全局利益出发，系统考虑各领域的实际情况，选择能够达到最大回报的领域进行资助，引导科学家围绕学科前沿和国家战略需求开展相关研究，从而实现最大化科技资源的经济价值，以更有效率的方式促进科技、社会和经济的发展（刘慧晖等，2019）。

本书涉及的科技优先发展领域遴选范围主要是利用政府资源组织科技研发攻关的重大战略选题。从行政决策、学术选择和市场机制 3 个层面来看，科技优先发展领域遴选的内涵如下。

1.1.1　行政决策层面

行政决策对于合理引导科技资源的市场化，最终实现科技资源的优化配置具有重要作用。从行政决策层面来看，科技优先发展领域遴选一般包含以下两个方面的内容。

一是宏观调控方面。行政决策具有宏观调控的重要作用，可以从长远角度实现科技资源的优化配置。例如，由于科技资源的非竞争性和市场配置的趋利性，科技资源配置往往容易指向见效快、收效高的科技创新产业，而高科技行业通常具有成本高、周期长、风险大等特点，使得科技资源的配置领域不均衡，不利于科技创新的长期发展。在科技优先发展领域遴选过程中，可以通过行政决策将科技资源配置到最恰当的地方来解决这种市场失灵问题。

二是引导促进方面。政府通过行政决策确定科技优先发展领域，将科技资源依据国家意志分配到各个科技领域，从全局利益出发，全盘考虑各科技领域的发展现实、各部门和地区的实际情况，以促进科技、经济和社会的协调发展，引导科技资源逐步市场化，最终推动国家战略目标实现，这对于我国突破重要产业技术的路径依赖，掌握关键核心技术具有重要作用。

1.1.2　学术选择层面

基于学科自身发展的需要，科技优先发展领域遴选旨在通过科技优先发展领域的选择与实施，对科技资源进行合理配置，促进学科发展与国家战略目标的结合。从学术选择层面来看，科技优先发展领域遴选一般包含以下两个方面的内容。

一是学科优化方面。科技优先发展领域遴选体现了学科布局优化的思想，有助于处理好重点学科与一般学科的关系，促进学科间的交叉、融合与渗透，引导传统学科的调整与变革，保证学科发展形成合理的布局。

二是战略部署方面。科技优先发展领域遴选可以从学科自身发展情况出发，避开研究力量分散的专业和学科，选择研究优势和潜力突出、研究条件和手段较强的专业或学科，发挥多学科协同攻关优势，以此促进各学科领域的合理发展，从根本上推动国家科技、经济与社会的共同进步。

1.1.3　市场机制层面

科技优先发展领域遴选的过程既是寻找最大可能获得重大科学创新与突破机会的过程，也是寻找科学发展目标与国家经济社会发展目标最佳结合点的过程（刘云，2002）。从市场机制层面来看，科技优先发展领域遴选一般包含以下两个方面的内容。

一是信息共享方面。市场机制有时会存在竞争不公平、信息不对称等缺陷，通过科技优先发展领域遴选，对重点科技布局和重大项目进行遴选部署，保证科技资源信息的通畅，为市场提供公平的竞争环境，有利于建立有序的市场体系，维护市场的正常秩序。

二是合理规划方面。科技优先发展领域遴选从创新思维和战略视角出发，在充分了解市场经济规律的基础上，对有限的资源（包括人力资源、物力资源、财力资源等）进行合理配置，有效地集中力量进行重点突破。合理规划市场中各产业的布局，避免市场中的恶性竞争，规避产业经济风险，以期促进市场公平、优化市场结构、凝聚核心竞争力。

科技优先发展领域遴选是在行政决策、学术选择、市场机制 3 种力量的有机结合下为宏观决策部门提供科学依据。行政决策具有强大的调配科技资源的功能，学术选择符合学术发展自身的需求，市场机制将科技资源转化为丰厚的利益。由于每种力量都是按照各主体自身的方式影响科技资源的配置，因此，科技优先发展领域遴选过程中应统筹兼顾行政、学术、市场三方力量，给出合理的科技资源配置方式，从而实现国家战略目标、推动学科高质量发展和提升科技资源经济价值，促进政府、学科和社会的协调和可持续发展。

1.2　科技优先发展领域遴选的必要性

改革开放 40 多年来，随着我国综合国力的提升，我国科学技术得到了快速发展，取得了很大成就。科学研究与政治、经济、社会、军事等方面的联系越来越紧密，已经成为国家高度组织的、大规模的事业。2021 年 3 月发布的《中华人民共和国国民经济和社会发展第十四个五年规划和 2035 年远景目标纲要》中明确提到，要"坚持创新在我国现代化建设全局中的核心地位，把科技自立自强作为国家发展的战略支撑……完善国家创新体系，加快建设科技强国"。党的二十大报告提出，"坚持创新在我国现代化建设全局中的核心地位"以及"加快实施创新驱动发展战略"。可以预见，科技将在支撑我国现代化建设过程中发挥越来越重要的作用。科技的突破性成果对建设我国成为创新型国家、实现大国崛起和民族复兴目标具有重大的战略意义。

与此同时，我国经济发展进入新常态，已由高速增长阶段转向高质量发展阶段，处在转变发展方式、优化经济结构、转换增长动力的攻关期，依靠科技创新实现供给侧结构性改革，从而驱动经济发展迫在眉睫。我国处于经济转型关键时期，基础研究还很薄弱，基础科学研究成果不足、关键核心技术受制于人依旧是我国科学技术发展的突出问题。我国无论是要追求在科学知识前沿领域的领先地位，还是要实现局部突破、跨越式发展，都需要合理配置科技资源，抓关键、破瓶颈、补短板，加快科技创新步伐。

针对我国发展过程中面临的迫切需求，遴选科技优先发展领域能够为未来科技发展发挥导向作用，在很大程度上能够指引未来科技发展方向，引导科学家更好地围绕国家战略需求和学科前沿开展创新研究。科技优先发展领域遴选活动可以在有效利用现有科技资源的基础上，指导科技资源向科技优先发展领域倾斜，吸引社会力量，对国家科技优先发展领域的发展起到推动作用。另外，激烈的国际竞争要求我国加快建设自身的科学储备，科学地形成科技优先发展领域和推动这些领域的发展已经成为增强我国国际竞争力的重要保证，也是实现科技发展战略目标的着力点。科技优先发展领域的遴选是科技规划编制的重要环节之一，在对学科发展进行长远规划的同时，本着有所为有所不为的原则，选择具有重要意义并且力所能及的、在我国经济和社会发展中亟须解决的问题，作为学科发展的科技优先发展领域和方向，并对这些科技优先发展领域和方向给予重点支持，这是加速科技进步、促进经济社会发展的重要环节。

1.3　科技优先发展领域遴选的理论基础

科技优先发展领域遴选的发展建立在科学的理论基础之上，相关理论涉及公共物品理论、科学的社会契约理论、政策周期理论、技术预见理论，这些理论从不同的角度为科技优先发展领域遴选提供科学根基和土壤。

1.3.1　公共物品理论

公共物品是相对于私人物品而言的，其核心在于公共。尽管公共物品的概念已经在经济学领域得到了广泛的使用，但是要对公共物品下一个精确的定义往往有一定困难。其原因主要有两个，一是经济学家对公共物品有不同的理解；二是公共物品所包括的范围很广，不同的公共物品在供给和需求特征上具有很大的差异。考察公共物品理论的发展历史，一般认为以下三种公共物品的定义最具代表性（黄恒学，2002）。一是萨缪尔森（P. A. Samuelson）的定义：所有成员集体享用的集体消费品，社会全体成员可以同时享用该产品，而每个人对该产品的消费都不会减少其他社会成员对该产品的消费（Samuelson，1954）。

二是奥尔森（M. Olson）的定义：任何物品，如果一个集团中的任何个人能够消费它，它就不能适当地排斥其他人对该产品的消费，则该产品是公共物品。换句话说，该集团（或社会）是不能将那些没有付费的人排除在公共物品的消费之外的，而对非公共物品，这种排斥是能够做到的（奥尔森，1995）。三是布坎南（J. M. Buchanan）的定义：任何集团或社团因为任何原因通过集体组织提供的商品或服务，都将被定义为公共物品（Buchanan，1967）。按照这一定义，凡是由团体提供的产品都是公共物品。公共物品理论已经在经济学领域得到了广泛使用。

上述 3 种定义中，现代经济学所广泛接受的定义是萨缪尔森的定义，因此萨缪尔森对有关公共物品概念和特性的分析，成为西方经济学中主流的公共物品理论，并启发了后来的学者，引导他们对公共物品理论作进一步的探讨阐释。萨缪尔森从分析公共物品所具有的两大消费特征来界定公共物品的概念。这两大特征，一个是消费的非排他性，与排他性相对；另一个是消费的非竞争性，与竞争性相对。消费的非竞争性和非排他性，是萨缪尔森从消费的角度对公共物品作出的界定，实际上也反映了公共物品最显著的特征（程万高，2010），具体如下。

（1）消费的非竞争性。公共物品的非竞争性意味着一个人对某一公共物品的消费不会排斥、妨碍或影响其他个体对该物品的同时消费，也不会减少其他个体对该物品消费的数量和质量。也就是说，新增加的消费者不会造成原有消费者从该物品中获得效用的减少，对于已有的公共物品产出，新增消费人数带来的边际分配成本为零。消费的非竞争性是公共物品与私人物品的主要区别之一。举例来说，国防是典型的公共物品，提供国防保护后，每位公民都会得到同样的安全保障，新增一个人的受益不会妨碍其他人从国防中获得的效用，也不需要额外的资源投入。而私人物品则不具备这种非竞争性，每个人对私人物品的消费都会导致该物品总量和个体受益的减少。例如，作为私人物品的一个水杯，多一个人分享，就必然带来其他人至少是数量所得的减少。

（2）消费的非排他性。公共物品消费的非排他性是相对于排他性而言的，是指公共物品在技术上无法将拒绝为消费行为付费的人排除在公共物品的受益范围之外，或者虽然在技术上可行但是由于排除成本过高而不值得进行排他行为（赵成根，2007）；同时，任何人都不得不消费该物品，即使与自己的消费偏好不一致，却也无法对其加以拒绝。对于消费的非排他性，只要满足其中一个条件即可认为该物品具有消费的非排他性。还是以国防为例，任何人都无法使国防体系只为他一个人服务，任何人即使不情愿也无法拒绝该国防体系的保卫，同样，任何人由于该国防体系的存在所受到的保护和安全也是一样的。与此对应，假如物品是一个水杯，情况就会恰恰相反，如果有人想独有这个水杯，只要通过支付一定费用买下它即可，这样其他人也就不可能再消费它了；如果这个人不想拥有这个水杯，完全可以对其置之不理。

此外，公共物品的非竞争性和非排他性特征并非一成不变的，而是会随着技术条件、制度条件及消费者人数的变化而发生改变，这使得其非竞争性程度与非排他性程度降低或提高。这种可能的变化意味着过去具有高程度非竞争性和非排他性的公共物品，由于条件的改变，可能变为具有低程度非竞争性和非排他性的公共物品。除了上述两个基本特征，公共物品还具有其他特征，包括不可分性、公益性和外部性等。

科技资源是创造科技成果、推动经济社会发展的要素集合，是开展科技优先发展领域遴选的物质基础。由于科技资源的公共物品属性，公共物品理论已经成为开展科技优先发展领域遴选的重要理论依据（毕娟，2011）。从经济学角度来看，科技资源具有公共物品的非竞争性和非排他性两个特性（张贵红等，2015）。科技资源的非竞争性是指共享科技资源可以使不同使用者在得到收益的同时不会影响他人获取收益。科技资源的传播和共享实质上是一种正和博弈。科技资源一般不易耗竭，通常第三方对现存科技资源的利用并不涉及额外生产一份该资源物品，即资源开发者并不需要在该资源每使用一次时单独生产一份该资源。因此，科技资源是非竞争性的，社会各界对科技资源的使用并不影响他人的使用。科技资源的非排他性是指科技资源向公众开放后任何人都可以获取，不需要经过所有者许可。科技资源是一种流动的、可移植的资源，可通过授予知识开发者相应专利等方式对其实施保护，但即便这样，一旦这项科技资源公之于众，便不再受所有者控制。因此，科技资源是一种非排他性公共物品，通常很难将其从载体上分割开来或者单独对其进行控制。

科技优先发展领域遴选的出发点，正是基于经济学分析科技资源的公共物品属性。科技资源公共物品的属性决定了不能够仅仅依靠市场完成对科技资源的合理配置，政府需要从全局出发，将有限的科技资源进行合理分配，选择优先发展领域，以期实现科技资源价值最大化。

1.3.2　科学的社会契约理论

科学的社会契约理论是描述科学与社会之间关系的理论，在对该理论的研究中，政府通常作为社会的代表，因此科学的社会契约一般也可以简化为关注科学与政府之间的关系。科学共同体的建立为科学的社会契约的出现提供了前提，文艺复兴之后，随着科学技术的发展和从事科学研究的人员增多，独立的科学团体开始出现，科学团体不断发展壮大，就形成了一定规模的科学共同体。科学共同体之间按照一定的范式进行科学活动，这种范式可以看作是科学界内部的契约（施若谷，1999）。近代科技革命发生后，一些欧美国家政府开始支持科研活动，由此产生了科学界与政府之间订立契约的萌芽（李正风，2005）。直到 1945 年，美国总统科学顾问范内瓦·布什（Vannevar Bush）在《科学：无尽的前沿》报告中明确提出了科学与政府之间的契约关系——科学是政府理应关心的问题，科学应该得到资金支持，同时研究自由也必须得以保障（布什和霍尔特，2021）。这种科学与社会之间的契约关系的成立有两个重要的前提条件：一是科学共同体能够进行自我管理；二是基础科学与技术创新之间存在线性关系。然而，20 世纪 80 年代开始，科研诚信问题以及科学与技术之间的关系呈现多元化趋势，使得传统的科学的社会契约关系受到挑战（董金华，2008）。在美国学者大卫·古斯顿（David Guston）看来，20 世纪 40～80 年代的美国处于传统科学的社会契约时期，20 世纪 80 年代以后，则进入合作保障时期，美国政府资助科学的模式也随之由对宏观层面的指导，变为使用微观手段进行管理（古斯顿，2011）。大卫·古斯顿在《在政治与科学之间：确保科学研究的诚信与产出率》一书中提出，科学的社会契约是指：政府同意向科学家提供资源，并允许科学家保留科学领域的决策机制，同时，政府也期待科学家为社会提供能够转化为新产品、新医药或新武器的源源不断的科研成果（杨国梁和龚旭，2013）。科学的社会契约是一个不断发展的理论。科学与社会本身的发展，以及其他来自经济、文化等方面的因素都在影响着科学与社会之间的关系，因此科学的社会契约的内容也会发生相应的变化。例如，1999 年，联合国教育、科学及文化组织曾在当年的世界科学大会上提到希望"世界各国政府和科学家在平等的基础上，共同探讨社会如何支持科学的进步与发展，并思索科学如何更好地回应社会的期待，让科学和社会订立新的契约"，即科学进步应有助于社会发展，科学研究的目标应是为人类带来更好的生活（廖苗，2014）。

1.3.3　政策周期理论

政策周期理论最早是由美国公共政策学家琼斯（C. O. Jones）提出的，后经学者们的不断演化及扩充，逐渐形成完整的框架。政策周期理论又称为政策过程模型，是把政策过程看作一种政治行为的生命过程，通过阶段性的描述对政策进行程式化的分析（谢明，2008）。政策周期理论认为政策过程主要分为 8 个阶段：出现社会问题、确认社会问题、建立政策议程、政策规划、执行政策方案、评估执行效果、政策调整与改变、政策终结。政策生命周期模型如图 1-1 所示。

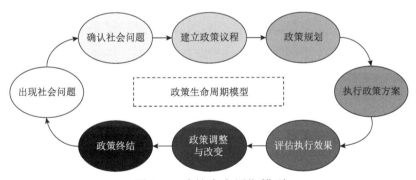

图 1-1　政策生命周期模型

政策周期理论有助于理解与研究政策的基础架构，为分析政策制定与执行提供科学框架。而科技优先发展领域的实施主要依托于科技政策或规划，科技政策或规划的有效执行与评估可以提升科技优先发展领域实施的有效性，进一步最大化科技资源的经济价值（刘慧晖等，2019）。因此，政策周期理论可以为科技优先发展领域遴选提供分析框架。

1.3.4　技术预见理论

对于"技术预见"的概念，学界仍未有统一定论。英国学者马丁（B. Martin）的观点得到广泛认同：技术预见是系统研究未来较长一段时期内的科学、技术、经济、社会发展情况，以确定具有战略性的研究领域，选出能够对经济和社会发展作出最大贡献的通用技术（Martin，2001）。经济合作与发展组织（Organisation for Economic Co-operation and Development，OECD）认为技术预见是对科学、技术、经济、社会在远期未来的发展状况进行系统研究，目标是选择可能产生最大经济效益与社会效益的共性技术（Vollenbroek，2002）。因此，目前学界对技术预见内涵的共识为，技术预见是对未来科学、技术、经济、社会发展状况及其相互关系的整体预测，目的是识别具有战略意义的研究领域和具有发展前景的通用技术，最终目标是服务宏观战略决策，最大限度实现经济和社会效益。技术预见的基本假设是资源是稀缺的，社会为支持科技发展能够提供的资源是有限的，因此，需要对研究领域和通用技术进行遴选，以实现有限资源的最优化利用（浦根祥等，2002）。需要指出的是，技术预见理论与方法通常被用于中观和微观层面的研究。整体来看，技术预见是一个需要多方参与的、研究范围广泛复杂的研究过程。技术预见的结果基本被用于支持国家科技规划和其他科技政策的制定，对确定战略方向、遴选科技优先发展领域发挥着重要作用。

技术预见不是一种单一的方法，而是集成了多种研究方法的综合研究过程。技术预见的过程一般分为技术预见前的准备阶段、技术预见组织实施阶段、技术预见结果应用阶段。技术预见可用的研究方法有很多，其中最有代表性、最常用的就是德尔菲法，但是大范围地组织德尔菲法调查成本很高，一些国家采用数据挖掘等其他方法持续对科技发展趋势进行跟踪监控，形成有益补充（王瑞祥和穆荣平，2003）。除了德尔菲法，技术预见过程中常用的以定性为主的方法还包括专家访谈方法、头脑风暴法；以定量为主的方法包括科学计量法等。其他综合方法包括情景分析法、层次分析法、聚类分析法、构建模型法等（高卉杰等，2018）。

1.4　科技优先发展领域遴选的研究现状

为了深入分析科技优先发展领域研究进展,在 CNKI 数据检索平台中以"科技优先发展领域"为主题,对 1991～2020 年的文献进行检索,得到文献 4773 篇,据此描绘近 30 年科技优先发展领域研究文献数量年度变化趋势及主题演化(图 1-2、图 1-3)。可以看出,关于科技优先发展领域研究的文献数量总体呈增长趋势,科技优先发展领域近年来逐渐成为各国学者关注的主题。本节分别从科技优先发展领域的形成和实施两个方面介绍研究现状。

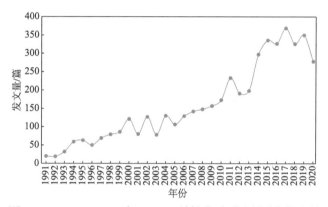

图 1-2　1991～2020 年 CNKI 科技优先发展领域发文量

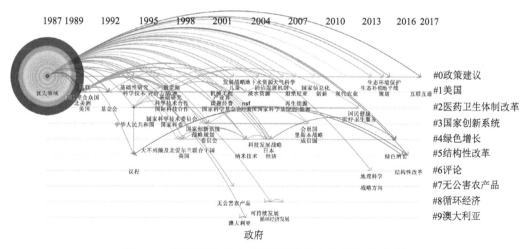

图 1-3　我国科技优先发展领域研究主题演化分析

1.4.1　科技优先发展领域形成的研究现状

总体而言，许多学者通过分析科技发达国家近年来政府科技投入、战略规划与重要科技计划的情况，研究了许多国家科技优先发展领域形成的基本情况以及对科技发展前沿的认识，并结合国外实践对我国的科技优先发展领域形成提出相应意见。例如，侯明（2019）介绍了美国创新战略中科技优先发展领域的愿景、挑战和发展方向，认为我国应当瞄准先进制造产业，加大科技优先发展领域战略部署；金春华等（2010）、孙成权等（2006）、段异兵（2005）对美国的国家科技计划科技优先发展领域形成进行了特点总结和深入分析，提出中国也应当积极探索具有中国特色的科技优先发展领域并形成模式；匡建江和沈阳（2014）针对英国科技优先发展领域开展了研究，概述了英国形成科技优先发展领域的 5 项关键目标；李达等（2017）描述和比较了日本在不同阶段的重点关注领域；迟岚（2004）和赵世峰（2015）对俄罗斯的科技优先发展领域进行了深入研究，表明俄罗斯科技优先发展领域的实施促进了科技与经济的有机结合；田慧芳（2017）对金砖国家可持续发展合作的科技优先发展领域进行了分析。

从科技优先发展领域形成的标准与原则上看，根据目前各国的实际操作和研究文献，各国形成科技优先发展领域的标准和原则各有不同。例如，杨多贵和周志田（2006）指出，美国以保持在全球的全面领先地位、确保国家安全、保持经济繁荣、改善人民生活和健康为目标来形成科技优先发展领域；邱丹逸和袁永（2018）指出，日本以通过科技创新促使日本经济科技持续发展，打造"全球领先的创新中心"及"全球最适宜创新的国家"为目标来形成科技优先发展领域；王海燕和冷伏海（2013）指出，澳大利亚科技优先发展领域的形成以潜在效益、实现效益的可能性、研究与发展潜力、研究与发展能力为依据。虽然各个国家形成科技优先发展领域的标准和原则各有不同，但形成科技优先发展领域的方法比较统一。

从科技优先发展领域的形成方法上看，其主要可以分为定性方法和定量方法两种类型。确定科技优先发展领域的定性方法主要是同行评议法、德尔菲法等。使用定性方法形成科技优先发展领域能够把握各学科领域发展态势和国家发展需求，预测未来科技发展方向和科技前沿。定性分析方法易于操作、应用广泛，但定性方法基于专家的主观判断，受限于专家的知识范围和经验，其结果或多或少地存在着主观性、人为偏见、利益纠葛等方面的问题。因此，张维等（2006）指出，在形成科技优先发展领域时要辅以文献计量法等定量方法，同时利用专家对未来科学发展趋势的前瞻性判断和科学发展所积累的数据自身所包含的规律。鉴于定性分析方法的不足，一些定量分析方法逐渐引起了人们的关注，如灰色系统法、层次分析法、直接打分法、多属性决策法等。然而在现实世界中，许多因素无法被量化，使用定量方法判断科技优先发展领域在结果上可能存在偏差，因此定量分析方法在科技优先发展领域遴选中的应用也存在局限，定量方法的结果通常情况下作为参考意见，Liu（2009）指出，科技优先发展领域形成往往是基于专家决策的定量方法，只有与专家意见相结合，定量方法才能更好地发挥作用。

1.4.2　科技优先发展领域实施的研究现状

科技优先发展领域的实施离不开科技战略和科技规划的制定，在形成科技优先发展领域后，科学资助机构需要推动科技优先发展领域计划的落实。Anna Sokolova 等通过对俄罗斯过去 20 年科技优先发展领域确定和关键技术识别过程中获得的经验进行回顾性分析，发现 4 点影响科技优先发展领域实施成功以及关键技术选择和实施的关键因素，包括：实际实施、将科学技术与社会经济目标联系起来、将科技优先发展领域与基础设施和职能相结合，以及将科技优先发展领域选择纳入科技政策过程中。在科技优先发展领域实施过程之初，科学资助机构要对科技优先发展领域的发展进行规划，进一步细化科技优先发展领域的发展方向、发展目标、资助规模、主要政策和重要措施。

目前针对科技优先发展领域如何实施的研究还没有形成系统的理论方法，大多是以各个国外科学资助机构为例进行说明。例如，段异兵（2005）指出，美国国家科学基金会（National Science Foundation, United States, NSF）从 3 个层面来实施科技优先发展领域，分别是国家层面、政府层面和部门层面，3 个层面共同推进有助于全面落实科技优先发展领域科技政策；关健和刘立（2008）梳理了欧盟 1987～2013 年 7 个框架计划科技优先发展领域的演变，并概述了第 7 个框架计划的主要行动，包括搭建可持续运输模式等；陈方（2020）概述了德国新版国家生物经济战略科技优先发展领域的 7 项战略行动，包括减轻土地压力、建立和进一步发展生物经济价值链和网络、推动数字化应用于生物经济等。

在实施科技优先发展领域的过程中，评估科技优先发展领域的实施效果，并根据评估结果对科技优先发展领域的实施措施进行调整是十分必要的。合理有效的科技评价体系能够更好地激发科研人员的创新潜力，营造科技创新环境，促进国家科学技术研究开发水平的提高以及推进国家科技创新体系的建立和发展（陈敬全，2004）。目前也有学者对科技优先发展领域评估进行了研究，耿建东等（2011）指出，评估方法主要分为 4 类：同行评议法、科学计量分析法、数据包络分析法和专家评分法。汪凌勇和董瑜（2020）总结了美国国家纳米技术计划评估的特点，发现该评估聚焦商业化，与中国在商业化方面的劣势不同，反映了将研发优势充分转化为各种经济社会效益。

目前，科技优先发展领域的相关研究日益增多，越来越多的科技优先发展领域的方法被开发出来。在科技优先发展领域遴选中，单一使用定性分析方法或定量分析方法都存在着一定的局限性，目前定性与定量有效结合的方法已成为科技优先发展领域遴选方法的主流趋势。此外，我国目前的科技优先发展领域遴选研究大多集中于科技优先发展领域形成中某一阶段的方法或是对国外某个科学资助机构进行总体介绍，并在此基础上对我国提出相关政策建议，尚未发现对科技发达国家科学资助机构科技优先发展领域的形成、实施与评估的系统性研究，缺乏对于科技优先发展领域从形成、实施到评估的整体流程的理论与方法研究。如何将科技优先发展领域形成、实施与评估整合成一个框架，是需要借鉴国外先进经验进行系统研究的重要问题和方向，有待于进一步加强研究。

1.5　本　章　小　结

本章内容主要界定了科技优先发展领域遴选的内涵，并阐述了科技优先发展领域遴选的必要性、理论基础和研究现状。

首先，综合已有的相关研究，本书认为科技优先发展领域是在科技资源有限的前提下，充分考虑国家需求和国家利益，权衡国际科学发展趋势，运用科学的方法，确立的未来科学技术发展的主攻方向和重点领域，以期获得最大回报（科技、经济和社会效益等）。从行政决策、学术选择和市场机制 3 个层面，进一步阐述了科技优先发展领域遴选的内涵。

其次，如党的十九大报告指出的那样"我国经济已由高速增长阶段转向高质量发展阶段，正处在转变发展方式、优化经济结构、转换增长动力的攻关期"，科技在支撑我国现代化建设过程中将发挥越来越重要的作用。科技优先发展领域遴选能够为未来科技发展发挥导向作用，成为实现科技发展战略目标的着力点，为科技规划编制提供支持。

再次，在理论基础方面，介绍了公共物品理论、科学的社会契约理论、政策周期理论、技术预见理论，并概述了这些理论在科技优先发展领域遴选中的应用。

最后，分别从科技优先发展领域的形成和实施两个方面展开研究现状介绍，提出如何将科技优先发展领域形成、实施与评估整合成一个框架，是需要借鉴国外先进经验进行系统研究的重要问题和方向。

第 2 章 科技优先发展领域遴选的组织机制

科技资源作为科技活动的物质基础，既是一种知识产品，又是一种公共物品。如前文所述，基于公共物品理论，科技资源具有非竞争性和非排他性等公共物品的属性。从科技资源非竞争性和非排他性的公共物品属性来看，科技优先发展领域遴选的组织机制具有以下两方面的重要作用。

1）整体调控作用

由于科技资源的非竞争性和市场配置的趋利性，科技资源配置往往容易指向见效快、收效高的科技创新产业，而高科技行业通常具有成本高、周期长、风险大等特点，这使得科技资源的配置领域不均衡，不利于科技创新的长期发展。科技优先发展领域遴选的组织机制可以从长远角度实现科技资源的优化配置，整体调控这种市场失灵问题（赵丽莎，2015）。

2）信息共享作用

由于科技资源的非排他性，有时会存在信息不对称等问题，科技优先发展领域遴选的组织机制从全局利益出发，保证科技资源信息的通畅，建立有序的市场体系，实现有限科技资源的科学合理利用。

综上，科技优先发展领域遴选的组织机制通过对科技资源类型进行准确划分，从全局利益出发，整体调控科技资源，全盘考虑各领域的发展情况，将科技资源分配到各领域，以促进科技、经济和社会的协调发展。基于上述分析，本书认为科技优先发展领域遴选的组织机制，正是对科技资源这一公共物品进行细分，同时分析其价值实现过程与本质，从而实现科技资源经济价值最大化，以促进科技、经济和社会的协调发展。

科技优先发展领域遴选的组织机制可以从组织设计和遴选流程两个方面加以分析。

2.1　科技优先发展领域遴选的组织设计

科技优先发展领域遴选既要对接国家经济社会发展需求,也要汲取多领域、多学科专家的经验智慧,进行聚智汇力。为此,科技优先发展领域遴选过程需要从行政和战略研究两方面开展组织设计。

2.1.1　行政组织设计

(1)领导组。针对科技优先发展领域遴选,可以由国家相关负责部门牵头成立领导组,负责指导科技优先发展领域遴选的整体工作。指定相关负责部门的人员担任领导组的组长,并在相关支持单位的人员中选择领导组的其他成员。

(2)工作组。针对科技优先发展领域遴选,由领导组牵头成立工作组,负责组织开展科技优先发展领域遴选的具体工作。领导组负责选择合适的人员担任工作组组长,并在相关支持单位的人员中选择工作组的其他成员。

2.1.2　战略研究组织设计

(1)专家组。由领导组和工作组组织推进组建专家组工作,遴选关注科技优先发展领域遴选工作的高层次战略专家,负责科技优先发展领域遴选的研究工作。选择合适的专家担任专家组的组长,由专家组组长组织各专家研讨科技优先发展领域,各专家分别提供关于科技优先发展领域的研究素材和其他资料。

(2)撰写组。由领导组和工作组为专家组配套科技政策专家和其他撰写人员,成立撰写组,负责支撑和配合专家组撰写科技优先发展领域遴选研究报告。其中,科技政策专家有助于通过规范性的规划制定方法(如文献计量法等),支撑科学发展与国家经济社会需求的有效衔接。撰写人员根据专家组研判结果,结合科技政策专家意见撰写形成科技优先发展领域遴选研究报告。

2.2　科技优先发展领域遴选流程

科技优先发展领域遴选流程是在国家发展总方针和目标以及选题标准的指导下，运用科学的定量、定性或综合的研究方法，听取并整理专家意见，形成科技优先发展领域备选方案，最终由决策者选择科技优先发展领域的过程。因此，完备而规范的遴选流程对于确定合理的科技优先发展领域来说至关重要。不同的机构在进行科技优先发展领域遴选时，组织程序不尽相同，但总体来说，科技优先发展领域遴选的一般流程可以分为以下四个阶段：准备阶段、选题阶段、决策阶段和反馈阶段，如图 2-1 所示。

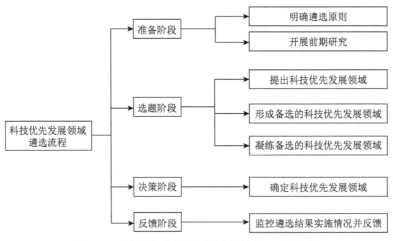

图 2-1　科技优先发展领域遴选的一般流程

2.2.1　准备阶段

在准备阶段，需开展一些基础性的工作，为后期选题做好充分的准备，具体包括：研读国家发展的指导方针和目标，确立与之相契合的科技创新发展目标；确定需要征询意见的专家队伍和具体的人选范围，通过组织会议等形式，初步征询专家建议。

2.2.1.1　明确遴选原则

在科技优先发展领域遴选开始前,提出科技优先发展领域遴选的总体原则。

总体来看，科技优先发展领域要面向科学前沿和国家重大战略需求，凝练具有重大科学意义和战略带动作用的科技领域，为制定重大项目和重大研究计划指南以及重点领域战略部署提供指导。

2.2.1.2 开展前期研究

1）文献调研

收集科技优先发展领域遴选的相关文献资料，包括：世界主要国家相关的科技优先发展领域布局、发展趋势，以及我国科技优先发展领域布局、需求分析、面临的挑战和机遇等。文献数据来源主要包括国内外期刊、国内外会议、各国政府出台的政策性文件、各国行业报告等资料，其中国内外期刊和国内外会议有助于在遴选科技优先发展领域过程中考虑学科前沿及发展趋势，各国政府出台的政策性文件有助于在遴选科技优先发展领域过程中考虑宏观政策的影响和服务国家战略，行业报告有助于在遴选科技优先发展领域过程中充分考虑企业的实际需求。

2）评估效果

在科技优先发展领域遴选工作开展前，首先对上一时期的科技优先发展领域遴选的效果进行评估，以掌握现阶段的发展情况，明确各领域存在的差距或面临的问题，由此识别可能的机会领域或者需要提升的领域。

2.2.2 选题阶段

基于准备阶段的工作，综合运用定性方法（如问卷调查法等）、定量方法（如文献计量法等）、定量定性综合方法（如层次分析法等）等科学的选题方法，得到专家的意见，并进行综合分析，得到初步选题。此阶段需要反复迭代和不断调整，如在开始的时候广泛收集意见，然后集中起来，组织专家讨论之后，再一次征询意见，再集中，如此循环往复，最后得到备选方案。

1）提出科技优先发展领域

结合前期研究资料，兼顾科学技术研究的前沿问题（科学发展）和国家所关注的重大问题（国家需求），由专家组的组长组织各领域专家初步提出可能的科技优先发展领域，并提交研究报告素材，由撰写组进行汇总。

2）形成备选的科技优先发展领域

对于初步提出的科技优先发展领域，由专家组组长组织涉及科技优先发展领域的相关领域内专家进行讨论和审阅。撰写组根据专家意见对初步提出的科技优先发展领域进行修改完善，如将其中某些研究领域进行合并、某些领域进行拆分，或将某些领域包含的内容进行调整，由此形成研究报告初稿，并根据科技优先发展领域遴选标准和研究报告初稿形成备选的科技优先发展领域。

3）凝练备选的科技优先发展领域

针对备选的科技优先发展领域，邀请组外的学术界专家、企业界代表、政界代表、利益相关者等开展多轮研讨会议，广泛征求、吸纳各界人士对研究报告的意见和建议，使得较为分散的备选科技优先发展领域逐步集中并汇聚共识，得到初步凝练的备选科技优先发展领域。

2.2.3　决策阶段

决策阶段的核心任务是确定科技优先发展领域。决策阶段分为专家决策和政府决策。在专家决策阶段，需要重新选定专家评审委员会，通过投票等方式，在备选方案中选出科技创新重大项目。在政府决策阶段，由政府部门的相关决策者，根据专家决策和综合考虑做出最终的选择。在整个决策过程中，需建立一个具有权威性和代表性的专家对话系统和协调机制，通过有控制地组织和运用专家意见，将科学家的兴趣与国家目标需求相结合、专家咨询与政策决策相结合，从而实现科学发展的内在推动力与国家社会经济长远发展的外在牵引力在战略层面的统一协调，形成意见一致的科技优先发展领域，并对研究报告进行修正完善，形成最终的科技优先发展领域报告。

2.2.4　反馈阶段

科技优先发展领域遴选是一个动态的不断调整的过程，因此在决策阶段完成后，所选定的方案未必是最终的结果，还要将选择这些方案的原则和结果予以公布，广泛征集意见，得到反馈后，合理取舍意见，对结果进行调整，综合意见的数量多少及程度大小，返回到选题或者决策阶段，继续执行，直到选出合理的方案。

在科技优先发展领域遴选工作完成后，对科技优先发展领域遴选结果的实施情况进行监控，在不同阶段设置切实可行的目标，保证科技优先发展领域遴选结果的可行性和有效性，分析可能存在的问题，总结相应的经验，为下一期科技优先发展领域遴选提供支撑。

综上，科技优先发展领域遴选的组织机制问题可以具体划分为组织设计问题和遴选流程问题。在确立行政组织和战略研究组织后，需要进一步明确如何开展科技优先发展领域遴选工作，即明确科技优先发展领域遴选的工作流程，并给出具体的时间安排。在当前阶段，遴选科技优先发展领域需要充分考虑科学发展前沿和国家实际需求，通常涉及多个研究领域的交叉，因此在组织科技优先发展领域的遴选过程中，要重点关注战略科学家所能发挥的作用，同时考虑采用定量与定性相结合的综合分析方法进行遴选，避免遴选结果过于主观，增加遴选结果的科学性和可信性。科技优先发展领域遴选组织机制图，如图 2-2 所示。

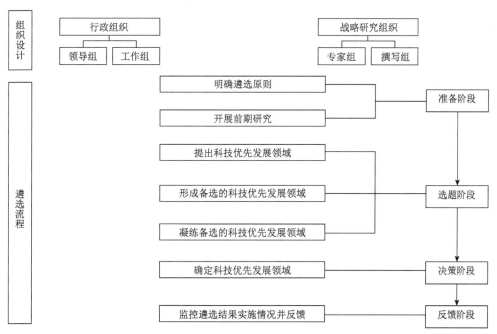

图 2-2　科技优先发展领域遴选组织机制图

2.3　本 章 小 结

本章内容主要界定了科技优先发展领域遴选的组织机制。将科技优先发展领域遴选的组织机制问题，具体划分为科技优先发展领域遴选的组织设计问题和遴选流程问题，并具体展开论述。

科技优先发展领域遴选组织设计分解为行政组织设计和战略研究组织设计。其中，行政组织设计包括领导组和工作组的组建；战略研究组织设计包括专家组和撰写组的组建。科技优先发展领域的遴选流程分为四个阶段：准备阶段、选题阶段、决策阶段和反馈阶段。其中，准备阶段的具体任务包括明确遴选原则和开展前期研究；选题阶段的具体任务包括提出科技优先发展领域、形成备选的科技优先发展领域和凝练备选的科技优先发展领域；决策阶段的主要任务是确定科技优先发展领域；反馈阶段的主要任务是监控遴选结果实施情况并反馈。

第 3 章　科技优先发展领域遴选的方法和模型

3.1　科技优先发展领域遴选的方法

科技优先发展领域遴选的方法直接关系到遴选结果的科学性和准确性，进而影响到国家的科技发展战略决策，因此一直被学科专家及科学规划管理人员所关注。目前，科技优先发展领域遴选的方法中有一些是专门针对科技优先发展领域遴选的理论及方法的研究成果，也有一些是借鉴其他领域成熟理论应用到科技优先发展领域遴选中的方法。目前已有的科技优先发展领域遴选方法可大致分为定性和定量两种分析方法（关忠诚和许惠，2008）。定性方法主要通过利用各学科专家的经验，分析科技领域目前发展状况、预测未来发展走势，如同行评议法就是定性方法的典型代表,其中包括访谈调查法和问卷调查法等，至今仍被广泛采用（蒋烽和郝惠英，1999；张应禄和李滋睿，2004）。定性方法的优点是实施简单，应用范围广泛，但由于专家研究背景的差异，研究结果容易受到专家主观喜好的影响。为了弥补定性方法的不足，从 20 世纪 70 年代开始，各种定量方法被提出，如直接打分法、文献计量法（陈琴等，2015）等科学计量方法。由于科学活动中有些因素难以量化或者量化不准确，因此，定量评价方法在科技优先发展领域遴选中的应用也受到一定的局限。为了克服定性评价方法和定量评价方法各自的缺陷，定性和定量相结合的综合评价方法逐渐受到国内外学者们的关注和重视，已成为当前科技优先发展领域遴选方法研究中的重要问题之一（张志强和苏娜，2016）。

3.1.1 定性方法

在开展科技优先发展领域遴选工作时，基于专家主观判断的同行评议法和德尔菲法是常用的定性方法之一，同行评议法利用专家经验，对学科领域或研究问题的发展现状、未来走势等直接进行判断，并提出结论性意见。在科技优先发展领域遴选工作中，同行评议法比较常用的形式一般分为访谈调查法和问卷调查法。

3.1.1.1 同行评议法

1）访谈调查法

在同行评议法中，访谈调查是一种有效的手段，通过对所选取的参与人员进行访谈，收集他们的观点和意见，从中获取关于评审对象的详细信息以便进行深度解析，旨在理解、评估和改进项目实施。

在科技优先发展领域的遴选中，访谈调查法是在提出科技创新重大选题之前，依据国内外顶级科学家和科技政策研究专家的经验和判断，对当前科技发展状况以及未来的发展趋势有大体的把握，进而遴选出范围较为宽广的领域。例如，加拿大科技主管部门将来自不同机构、代表不同利益团体的相关专家聚到一起进行访谈，获得选题建议和意见［十年决策——世界主要国家（地区）宏观科技政策研究研究组，2014］。在进行科技优先发展领域遴选过程中，访谈调查法主要按照如下步骤进行。另外，访谈过程中应正确引导访谈对象，控制局面，避免跑题。

第一步，明确计划和设计访谈。访谈是获取信息的一种有效方法，成功的访谈需要正确的前期计划。这一阶段需要明确清晰的访谈目标和目的，制定访谈提纲和问题清单，确定要回答的关键问题，确保所有的关键点被涵盖。在此阶段，还需要为访谈选择合适的类型。结构化访谈结构严谨，访谈问题提前确定且固定，保证了所有访谈对象都回答了同样的问题，易于对比和分析；半结构化访谈介于结构化访谈与非结构化访谈之间，其准备了一些开放性的问题，让访谈对象有更大的自由度，这样不仅可以获得预期信息，还可能获得一些出乎意料但非常重要的信息；非结构化访谈则更为灵活，通常没有固定的问题，更像是自由的对话，访谈对象可以基于内心的真实想法自由表述，有效获取更深层次的信息。在进行科技优先发展领域遴选的工作中，访谈通常采取非结构化的形式，访谈问题应具有一定的开放性，以便于访谈对象发表自己的看法。

第二步，选择访谈对象的标准应与访谈的目标和问题紧密相关。在科技优先发展领域遴选中，访谈对象主要包括科学家和科技政策专家，科学家应选择当代各领域最杰出的科学家，科技政策专家可以从以往的科技规划起草人员中选择，或者从学术影响力和社会影响力两个方面综合考察来选择科技政策研究专家，还可以从智库专家中进行选择。选择访谈对象后联系访谈对象，联系时，需要热情且尊重每个人的时间。预先提供清晰的访谈目标、预期时间、地点等信息，并解答访谈对象可能的疑议。

第三步，实施访谈。在进行访谈时，需要确保访谈对象理解他们不必担心说错话，所有信息都将保密，并明确指出只是收集信息。在访谈过程中保持敞开的姿态，认真倾听，尊重他人的观点，鼓励他们分享更多的信息，可以利用有效的问题引导技巧，如开放性问题、探索性问题，有效激发访谈对象的表达积极性。

访谈结束后，需要对所收集到的访谈信息进行分析。这一步骤可能是整个访谈过程中最重要的一步。分析完成后，不可忽视的一环是访谈结果的记录和报告。需要将访谈的结果、可能的影响和访谈过程整理成一份详细的报告。这份报告应该首先为访谈对象提供反馈，然后可以提交给科技优先发展领域遴选项目组织方，同时也可以作为将来参考的资料。对所有访谈对象公开访谈结果，这样做不仅仅可以提高项目的透明度，更可以提高项目团队的参与感和满意度。

第四步，需要进行反馈和跟踪。需要向所有访谈对象反馈结果；跟踪访谈后的后续行动，如根据需要重新进行某些访谈等。

2）问卷调查法

问卷调查法的操作相对简单，只需发放调查问卷，请专家从备选方案中进行选择，最后对选取结果进行排序。

在科技优先发展领域的遴选中，基于同行评议的问卷调查法是一个重要的评估工具，能用来聚集领域专家的思维，形成综合、深入的认识。问卷调查法一般步骤如下。

第一步，明确评议的目标。在制定问卷之前，应明确调查的目的，包括科技优先发展领域的发展趋势、研究项目的优劣势和投资风险等。此外，也需要明确评议的范围，包括评议内容、评议标准和评议的时间框架。

第二步，制定问卷。根据评议的目标和范围，制定包含必要评议信息的问卷。问卷应包括：①基本信息部分，如评议专家的基本资料、经验和专业知识等；②评议内容部分，如对科技趋势的看法、对优先投资领域的建议等。此外，在问卷设计上，需注意以下几点：问卷需要保持开放性，专家可以补充不在备选方案中的研究问题；问卷中应说明科技创新重大选题的原则，供专家参考；专家的选择需要更具代表性并且更好地平衡各个学科；调查问卷应保证调查结果的真实性。

第三步，选择评议专家。同行评议专家应是各相关领域的专家、学者，或者是科技政策制定者。他们需要了解该科技领域的情况和发展趋势，需要具有一定的预见性。

第四步，分发问卷。可以通过电子邮件、在线平台等方式进行分发。在发放问卷的同时，要清楚说明问卷的目的、完成时间和填写指引，并保证同行评议专家的信息安全。

第五步，收集问卷，并清理数据。收回来的问卷需要经过数据清洗，如检查数据完整性、处理缺失值和异常值后才能进行后续的数据分析。

第六步，数据分析。数据分析的过程要尽可能客观、全面，可以利用统计软件进行表格分析、相关性分析和回归分析等操作，分析出科技优先发展领域的方向。

第七步，生成评议报告。根据数据分析的结果，生成包含数据解读、结论和建议的评议报告。

总的来说，基于同行评议的问卷调查法是科技优先发展领域遴选中的重要工具，有助于把握科技发展的趋势，优化决策，为科技发展提供有效的支持。然而，由于科技发展的复杂性，同行评议仍需要在实践中不断完善和更新。

3.1.1.2　德尔菲法

德尔菲法始于 20 世纪 50 年代，由美国兰德公司为军事目的而研发，后来在商业、教育和其他领域得到广泛应用。作为基于专家主观判断的定性方法，德尔菲法的主要优势是提供了一个能够在具有不同背景和观点的专家中，平衡和结合不同的观点的机制。

德尔菲法的实施步骤通常可分为以下几个步骤。

第一步，问题定义。首先，研究者需要定义研究主题和问题，并确定专家小组。对于德尔菲法来说，该阶段是至关重要的，因为只有明确的问题和领域合适的专家，才能保证产生高质量的预测和决策。除此之外，这一阶段还要求科技优先发展领域遴选组织者对研究主题有全面深入的理解，这样才能设计出恰当的问题。

第二步，初步调查阶段。在这个阶段，需要设计一个调查问卷，并将这个问卷通过邮件或者邮寄等方式发给所有的专家。问卷设计的好坏，直接影响到专家是否能对问题给出精准的回答。因此，必须确保问题的表述清晰明了，避免任何可能导致误解的地方。

第三步，数据收集和分析阶段。收到专家的回复后，需要将所有的答卷进行整理，并分析出专家的共识及分歧。这一个阶段是德尔菲法的核心，它依赖于反馈的收集和分析，以及进一步的问题迭代。专家的反馈被用来创建新的问卷，进一步提炼和精确问题。

第四步，反复调查阶段。根据上一阶段分析出的结果，需要修改问卷并再次向专家调查。新的调查结果会继续分析，直到研究者确定达成了一个相对一致的共识。

第五步，结果报告阶段。在最后一轮调查并分析后，需要在报告中系统地呈现和总结所有的调查结果，并对结果进行解读和讨论，鉴定专家达成共识的程度和含义。

德尔菲法是一个强大的工具，适用于许多领域，尤其在需要结构化、系统化专家意见的情况下。然而，为了有效运用此方法，必须用适当的方式识别问题，选择专家，处理信息，并处理反馈。同时，应注意周期的长度和频率，以防止专家疲劳和参与度下降。

同行评议法在遴选科技优先发展领域时，具有如下优点和缺点。

同行评议法在遴选科技优先发展领域时的优点具体如下。

（1）专业精确性：同行评议主要由领域专家进行，其对具体的研究领域有深入的理解和理论背景，因此能准确评估各个科技领域的状况和未来潜力。

（2）去中心化：同行评议是通过一群专家来进行决定，可以防止单个评审的偏见影响整体的决定，保障了结果的公正性和全面性。

（3）不断适应：同行评议是一个持续的过程，专家们可以随着新发现和新思想的逐渐出现，更新和调整其评估结果。

（4）提高质量：同行评议强调质量和创新，可以确保选择的科技优先发展领域是具有创新性和一定发展潜力的领域。

同行评议法在遴选科技优先发展领域时的缺点具体如下。

（1）可能存在认识偏见：虽然同行评议去中心化，但每个评审仍可能带有个人、学派或地域的偏见。加上专家可能对新兴领域和跨学科领域不够了解，可能会做出有偏颇的选择。

（2）缺乏多元视角：同行评议的专家多来自学术界，可能缺乏工业界、政策界等其他视角的考虑，导致对科技优先发展领域的全面性和实用性可能存在影响。

（3）时间效率：同行评议需要投入大量时间进行评审和讨论，对于快速变化的科技领域来说，效率可能不高。

（4）密集领域优势：已有大量研究和专家的科技领域，经常因为评审者对其更熟悉，而更可能被选作科技优先发展领域；相反，新兴和边缘领域可能会被忽略。

综上所述，同行评议法在进行科技优先发展领域遴选时有其独特优势，但也存在一定的局限性，需要结合具体情况灵活运用，及时调整。

3.1.2　定量方法

在开展科技优先发展领域遴选工作时，涉及的定量方法有很多。文献计量法是其中比较有代表性的方法之一。文献计量法是以文献作为数据基础，通过统计分析来揭示某一学科领域或研究问题的现状、发展趋势等问题。例如，德国联邦教育与研究部注重对国家和全球有重大影响的研究，并利用文献计量法确定发展迅速且具有高需求度的未来领域［十年决策——世界主要国家（地区）宏观科技政策研究研究组，2014］。从文献计量的角度来讲，科技优先发展领域遴选是选择科学研究中新的、先进的、具有发展潜力的研究问题（杨立英等，2011）。

文献计量法主要依赖统计和数学工具，对各种类型的文献的产生、交流、分布和使用进行测量、研究和分析。其目标是通过对大体量文献数据的分析，揭示科学活动的规律和特征，评估其科研影响力，并预测科学技术的发展趋势。

文献计量法的分析过程往往包括如下步骤。

第一步，数据收集。将相关的论文、报告、专利、书籍等文献作为研究对象，收集这些文献的元数据，如标题、作者、关键词、摘要、参考文献等。

第二步，数据处理。根据研究目标，对收集到的元数据进行预处理，包括清洗、标准化、归类等。

第三步，统计分析。使用统计方法对处理后的数据进行分析，寻找研究问题的答案。常用的统计分析方法包括：描述性统计、比率分析、相关性分析、聚类分析等。

第四步，解释和预测。根据统计分析的结果，解释观察到的现象，形成对科技发展的认识，并结合科技发展的历史趋势，对未来进行预测。

科技优先发展领域遴选涉及的常用文献计量法包括词频分析法和引文分析法。

3.1.2.1　词频分析法

科研人员关注的研究热点不是孤立的，而是由一系列具有密切关系的主题词构成的，而同一领域内，这些主题词的表述往往是一致或者类似的，并且科研人员以此为基础开展科技创新重大选题的研究。词频分析法通常分为词频统计分析法和共词分析法两类。词频统计分析法是文献计量法中常用的分析手段，该方法利用能够揭示或表达文献核心内容的关键词或主题词在某一研究领域文献中出现的频次高低，确定该领域研究热点和发展动向（马费成和张勤，2006）。

共词分析是对两两统计一组词在同一篇文献中所出现的次数进行聚类，展示这些词之间的亲疏关系，进一步分析这些词所代表的学科和主题的结构变化（冯璐和冷伏海，2006）。

一般来说，词频分析法实施步骤如下。

第一步，计算词频，这是词频分析法最核心的部分，统计每个词在文献中的出现次数。通常，词频越高，说明这个词在文献中的重要性越高。

第二步，统计出每个词的词频后，对其进行排序，找出词频最高的主题词。通过词频高低，可以对文献集的主题进行初步判断。

第三步，将得到的词频分析结果用图表或其他形象的方式进行展示。需要注意的是，在实际操作中，可能还需要根据实际情况进行一些调整和改进，比如可能需要对词频进行归一化处理，还可能需要对各种形式的同义词进行归一化处理等，这些都需要根据具体的研究需求，进行适当的调整。

3.1.2.2 引文分析法

引文分析法是利用数学、统计学和比较、归纳、抽象、概括等逻辑方法，对科学期刊、论文、著者等各种对象的引用与被引用现象进行分析，以揭示其数量特征和内在规律的一种文献计量分析方法（邱均平，2001）。科学的发展需要建立在已有知识积累的基础上，科研人员在前人的基础上，对已有的成果进行继承和发展，推动科学的不断进步，这种科学发展的一般规律反映在文献中，就是文献之间的引用关系。作为文献计量的一种重要方法，引文分析法在不断发展完善的同时，也存在着一些缺点。例如，由于引用动机的复杂性、引用的不当，以及计算方法的缺陷等都会造成分析结果的误差，因此，同其他定量方法一样，引文分析的结果也是最好作为专家进行科技优先发展领域遴选的数据基础使用。

引文分析法一般分如下步骤进行。

第一步，数据收集。首先要确定分析的文献样本，可以是特定主题的文献、特定作者的文献，或者特定期刊的文献。然后，要从这些文献中提取出所有的引文信息，可以通过数据库或者手动方式进行。

第二步，引文信息整理。得到的引文信息可能包括引文的原文，以及引文的标题、作者、发表时间等。需要将这些信息进行整理，以便于后续的分析。

第三步，引文数据库建立。将整理好的引文信息输入到数据库中，可以是电子表格，也可以是专门的文献管理软件。在此过程中，为了方便后续的分析，需要尽量使得每条引文的信息都尽可能全面和准确。

第四步，引文频次统计。通过对引文数据库的查询，统计出各个文献被引用的频次，这是反映文献影响力的重要参数之一。一般来说，被引用频次越高的文献，其影响力越大。

第五步，引文分析。通过对引文频次的分析，可以得出一些有意义的结论。例如，可以确定某个研究领域的主要研究趋势，以高引文频次的文献为主；可以呈现出某篇文献被其他研究引用的路径，通过引文网络图展现等；还可以通过对被引文献的时间分布进行分析，了解某个研究主题的发展历程。

3.1.3　综合方法

在科技优先发展领域遴选过程中，定性方法和定量方法各有其优缺点。例如，定性方法中的同行评议法，作为评定科学工作的重要机制，主要依据专家的知识积累和经验，有助于揭示出隐蔽的科技发展方向，预测可能产生重大突破的科学问题。但是，同行评议法的基础是专家的主观判断，可能失之偏颇，且专家的意见一般比较分散，各执一词，难以统一。定量方法中的文献计量法作为一种以文献作为数据基础的定量研究方法，所得结果则更为客观，结论也更清晰一致。然而，文献计量法也存在一些问题，由于从科研成果产生到发表有一定的时滞期，因而文献计量的结果有一定的滞后性，且文献计量的主题词把握不能尽善尽美，文献的查全率和查准率问题也会影响分析结果。因而，文献计量结果可以作为参考，与专家意见相结合，得到更加科学合理的遴选结果。基于上述分析，在进行科技优先发展领域遴选时，通常将定性方法与定量方法结合起来使用，包括层次分析法、灰色系统分析法、多目标综合评价法、模糊评价法等。例如，美国国家研究理事会利用层次分析法，依据潜在变革性、社会影响力、成熟度和潜在合作伙伴四项遴选准则对问题进行遴选。本节主要对层次分析法进行介绍（National Research Council，2015）。

层次分析法需要按照科技优先发展领域遴选的原则确定遴选指标，指标的制定应根据国家发展的总体目标进行适当调整。首先，根据选题原则，可以从社会需求、未来突破可能、当前研究热度、研究储备等角度来进行科技优先发展领域遴选。其次，将每一个角度细化为若干指标。再次，请科技政策研究专家打分赋予权重，包括构建指标的判断矩阵、请科技政策研究专家进行评估打分、检验判断矩阵的一致性、统计专家打分的平均值，由此确定指标权重。指标权重确定后，请领域专家为具体领域的指标打分，然后统计专家打分的平均值赋以权重，计算领域的得分。最后，按照得分多少确定领域排序。

3.2　科技优先发展领域遴选的模型

目前，还没有科技优先发展领域遴选的特定模型，本书从实践层面，经过调研，总结提炼出两个具有代表性的全生命周期遴选模型，分别是以美国科技优先发展领域遴选为代表的"目标-结果"导向型全生命周期遴选模型和以欧洲科技优先发展领域遴选为代表的价值导向型全生命周期遴选模型。本章只作模型介绍，具体的案例分析见第4章。

3.2.1　"目标-结果"导向型全生命周期遴选模型

通过总结美国科学资助机构的实践经验，可以发现美国科学资助机构在科技优先发展领域遴选及实施方面都是"目标-结果"导向型，这与美国在 1993 年颁布的《政府绩效与结果法案》（Government Performance and Results Act, GPRA）有着莫大关系。GPRA 法案出台的目的是从法律层面要求联邦机构对实现计划成果负责，提升计划效率和效力，增强美国公众对政府的信任。该法案要求每个机构都要制定五年期的战略计划，每三年修订一次，同时量化战略计划，建立绩效指标，形成年度绩效计划，年度绩效计划应与战略计划保持一致，并且每年提供上一年度绩效评估报告。该法案将战略计划、绩效计划和绩效评估报告的结果和经费预算直接挂钩，更具有权威性、持续性和强制性（龚旭和夏文莉，2003）。

正是由于"目标-结果"导向型的模式，美国科学资助机构会从国家需求、机构宗旨出发自上而下地进行科技优先发展领域遴选，并且以绩效计划为主体实施和评估科技优先发展领域。图 3-1 是基于之前对美国科学资助机构科技优先发展领域实践特点的总结，根据"目标-结果"导向型的美国模式，构建的美国科技优先发展领域遴选的全生命周期遴选模型。整个模型主要分为形成、实施与评估三个环节，是动态循环，环环相扣的，并且具备反馈机制。

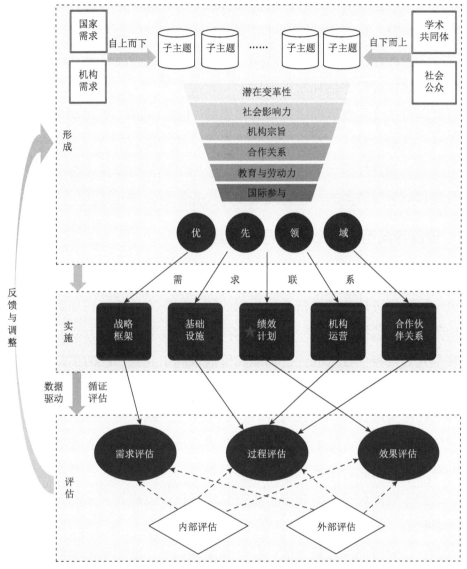

图 3-1　美国科技优先发展领域遴选的"目标-结果"导向型全生命周期遴选模型

在优先领域形成阶段，美国科学资助机构优先领域的形成模式主要是自上而下与自下而上相结合，形成方法主要有专家访谈法、网络调查法、层次分析法、专家研讨法等，并且以潜在变革性、社会影响力、机构宗旨、合作关系、教育与劳动力和国际参与为优先领域形成的主要依据。优先领域实施阶段主要分为五个部分：战略框架、基础设施、绩效计划、机构运营以及合作伙伴关系，并且绩效计划占据主体。在优先领域评估阶段，美国科学资助机构对于优先领域的评估都是数据驱动的，在评估前都会从多方收集证据并进行循证评估，评估周期短而频繁，且具有反馈循环机制。从实施主体的角度来看，优先领域评估可以分为内部评估和外部评估两类。从评估内容的角度来看，优先领域评估分成需求评估、过程评估和效果评估。

以美国科技优先发展领域遴选为代表的"目标-结果"导向型全生命周期遴选模型具有高度一致性、充分体现国家意志、机构高效运营、避免投资冗余、评估全面准确和良好的反馈机制等优点，适用于事关国家重大需求亟待解决的应用研究和试验发展类的科学研究及相关优先发展领域遴选。

3.2.2 价值导向型全生命周期遴选模型

欧洲科学资助机构都是基于价值导向下实现科技优先发展领域的形成及实施，追求国际先进地位和具备全球范围的持久影响力是他们更加重视的。这种基于价值导向的选择和欧洲一直以来的科技价值观有着千丝万缕的关系。科技价值观是人们对科学技术的评价标准和价值取向（龚萱，2007）。正如亚里士多德所说，"他们探索哲理只是为摆脱愚蠢，显然，他们是为了求知而从事学术，并无任何实用目的"，在对待科技的态度上，欧洲科学家更加热衷于探索自然现象背后的原因，他们认为认识自然界是最有意义、最有价值的活动；在科学精神上，古希腊哲学开放、客观和批判性的特点影响了古希腊科学，并进一步渗透到了欧洲科技价值观中，使得欧洲科技价值观具有强烈的怀疑和批判精神（李秋心，2010）。

因此，在对待前沿性较强的科技优先发展领域，欧洲重理论的科技价值观使得其在科技优先发展领域的形成模式上倾向于自下而上，因为自下而上的形成模式有利于充分挖掘潜在的科技发展机会，激发社会公众的科学兴趣。在科技优先发展领域的形成依据上，与美国主要基于国家需求和机构使命形成科技优先发展领域有所不同，欧洲会尤为关注科技优先发展领域的创新性、可持续性以及持久影响力。而在科技优先发展领域的评估阶段，美国是以绩效评估为主体，欧洲则会进行事后评估，即影响评估。这种以欧洲科技优先发展领域遴选为代表的价值导向型全生命周期遴选模型如图 3-2 所示。

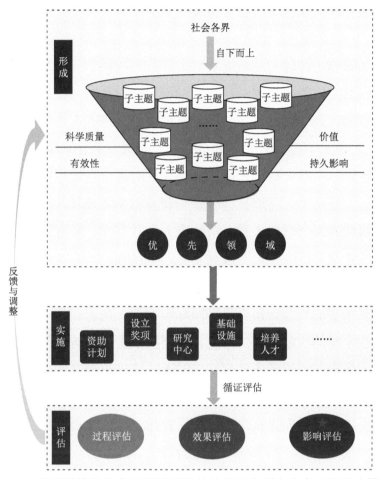

图 3-2 欧洲科技优先发展领域遴选的价值导向型全生命周期遴选模型

在优先领域形成阶段，欧洲普遍表现出自下而上的形成模式，如欧盟委员会在形成优先领域时的主要参与者包括领域专家、成员国代表、利益相关者以及相关专家等；英国国家科研与创新署的主要参与者包括理事会成员以及学术共同体；德国科学基金会的优先领域形成面向学术界、商业界、工业界以及政府部门等；瑞士国家科学基金会面向社会公开广泛征集预案。欧洲国家和组织在优先领域形成阶段所用的方法主要有专家研讨法、利益相关分析法、平衡能力分析法、情景分析法等。欧洲国家和组织对于形成优先领域的基本标准和依据通过归纳总结，主要有以下几点。

（1）科学质量：即优先领域的创新性和跨学科性质。

（2）有效性：即优先领域的方案能行之有效地执行，且目标设定合理。

（3）价值：即优先领域具备可持续发展的能力，会提升国家的经济效益和社会效益。

（4）持久影响：即优先领域能够对国际范围的科学领域产生持久影响。

在优先领域实施阶段，欧洲科学资助机构针对不同的优先领域计划主要通过制定详细资助计划、设立奖项、优化基础设施、培养人才等落实。而在优先领域评估阶段，欧洲科学资助机构也表现出相似性，主要体现在以下两个方面。

（1）循证评估：欧洲科学资助机构在评估时通常会构建证据框架，通过多种来源的报告、任务书、咨询社会公众与利益相关者及其他数据进行评估，循证评估需要机构开发合适的工具，搭建庞大的数据库，具有强大的数据收集和处理能力，才能覆盖优先领域形成和实施的全过程。

（2）影响评估：通过对比发现，欧洲科学资助机构评估的重点在于优先领域是否能带来切实的利益，是否具有国际影响力，是否表现出国际卓越水平，以及该领域在全球的贡献意义。因此，欧洲科学资助机构非常重视优先领域的影响评估，而优先领域通常在计划结束时无法体现出潜在的国际影响力，因此在进行影响评估时欧洲科学资助机构通常需要制定合理的评估指标体系，并且在计划结束后的某一时期进行全面的事后评估，深入分析计划的目的、实施和影响，而不仅仅是在计划结束的时间进行评估。

以欧洲科技优先发展领域遴选为代表的价值导向型全生命周期遴选模型具有关注科学质量、实施投入全面、合理评估影响力、提升国民科学兴趣等优点，适用于以鼓励科学家自由探索为主，需要"慢工出细活"的基础研究。

3.3　本章小结

总结梳理出科技优先发展领域遴选的主要方法和常用模型,按照定性方法、定量方法、综合方法分别描述。其中，定性方法主要以同行评议法为代表，重点介绍访谈调查法和问卷调查法。定量方法以文献计量法为代表，重点介绍词频分析法和引文分析法。综合方法以层次分析法为代表。从实践层面，总结提炼以美国科技优先发展领域遴选为代表的"目标-结果"导向型全生命周期遴选模型和以欧洲科技优先发展领域遴选为代表的价值导向型全生命周期遴选模型。

第4章　科技优先发展领域遴选的国际实践

4.1　美国国家研究理事会海洋科学优先发展领域遴选

4.1.1　美国国家研究理事会

美国国家研究理事会（United States National Research Council，NRC）是由美国国家科学院于1916年创建的"民间非营利组织"，是美国国家科学院、美国国家工程院和美国国家医学院具体从事科学技术研究和业务活动的机构，既接受三个国家学院的指导管理，又保持其独立的研究体制并相互进行协作。

4.1.1.1　美国国家研究理事会概况

（1）设立目的。美国国家研究理事会的设立旨在鼓励更多的科学家和技术专家参与科学研究，以实现美国国家科学院、美国国家工程院和美国国家医学院提出的研究目标。为达成这一目标，该机构积极开展各类会议，设立大学科研委员会（或学会），进行调查研究，收集和验证科技数据和资料，并负责管理政府和私人提供的研究计划基金和奖学金等活动。

（2）经费来源。美国国家研究理事会的活动经费主要来源于政府、私人基金会、私人赞助商等。美国国家研究理事会提供独立的建议，一旦任务和预算说明完成后，外部赞助人无法控制研究过程。例如，美国国家研究理事会对公开会议上收集的各种来源的信息进行内部审议，以避免政治、特殊利益和赞助商的影响。美国国家研究理事会的领导机构是管理委员会，其任务是讨论和决定方针政策、指导和审定研究计划和行政管理等。

（3）下设组织。美国国家研究理事会下设七个分部：行为、社会科学及教育分部，地球及生命科学分部，工程及物理科学分部，医学研究所，政策及全球事务分部，交通研究组，以及海湾研究计划，这些分部又下设委员会、组等各级研究组织，相当庞大。它们常与政府的相应部门共同对某些科技问题进行探讨和研究，并主持与世界各国的学术交流和合作等事宜（图4-1）。

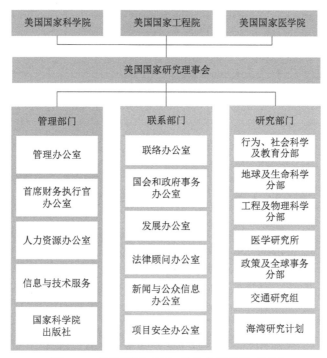

图 4-1　美国国家研究理事会组织机构图

4.1.1.2　美国国家研究理事会工作机制

美国国家研究理事会的工作流程分为四个阶段，包括界定研究范围，成立委员会，信息收集、审议和起草报告，以及报告总结。各阶段具体内容如下（图4-2）。

1）界定研究范围

在遴选开始前，美国国家研究理事会首先确定待解决的具体问题集、研究持续时间和成本，制定工作计划，且必须得到美国国家研究理事会执行委员会的批准。

2）成立委员会

选择适当的委员会成员，是研究成功的关键。所选的委员会成员应是专家，而不是组织或利益集团的代表。美国国家研究理事会选择专家的具体方式如下。

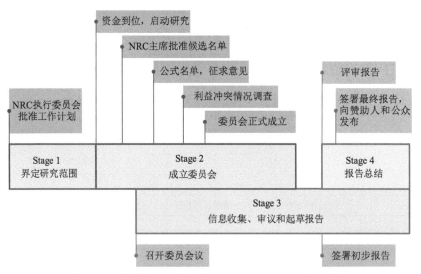

图 4-2　美国国家研究理事会（NRC）工作流程图

（1）选择范围。美国国家研究理事会招募全国最顶尖的科学家、工程师和其他专家来解决社会最紧迫的问题，这些专家来自全国各地和社会各个部门，包括学术界、工业界、政府、非营利组织和公共利益集团等。这种杰出和多样化的专家群体所具有的技术技能和观点对于美国国家研究理事会持续准确客观地评估国家问题、需求和机会的能力至关重要。

（2）选择方式。美国国家研究理事会选择的专家具有高度专业化和具体化的知识、培训和经验，从而便于美国国家研究理事会分配相关任务。美国国家研究理事会利用广泛的国际联系及资源网络，特别是美国国家科学院、美国国家工程院和美国国家医学院的杰出成员，以及数千名高度合格的科学家、工程师、公共卫生专业人员和其他通过美国国家研究理事会为国家利益作出贡献的人，从这些人员中选择专家。

（3）分配方式。每年这些专家中有 6000 多人被选派到数百个下设研究委员会（指为了回答具体的问题而成立的研究委员会）任职，且都是无偿服务。美国国家研究理事会根据专家在研究领域的专业知识而任命于不同下设委员会。

（4）选择建议。选择专家的建议可能来自赞助方、对某项研究的基本主题有兴趣的团体、对拟处理的科学和技术问题有兴趣的具有相关学科知识和专门知识的专业人员，以及可能对某项研究或研究涉及的基本问题有特殊兴趣或关切的公众成员。

此外，彻底处理好利益冲突问题后才能组织委员会，且在讨论中提出的任何问题都应进行调查和处理。具体地，委员会最终选择的专家应符合以下原则。

（1）专业知识全面。委员会必须包括可以解决研究问题的专家，汇集来自不同学科和背景的知名专家，鼓励这些专家共同合作。

（2）观点科学合理。只是拥有正确的专业知识不足以取得成功，委员会成员有着不同的经验和观点对确保判断的科学性和合理性也是至关重要的。

（3）利益冲突筛选。利益冲突是指与个人服务发生冲突的任何金融利益或其他利益，因为这种利益可能严重损害个人的客观性，也可能为任何个人或组织创造不公平的竞争优势，利益冲突不仅仅是指个人偏见，通常是指可能直接影响到委员会工作的经济利益（刘久畅，2019）。美国国家研究理事会利用背景资料和利益冲突披露表，以及包括公众在内的其他来源提供的信息进行利益冲突筛选。美国国家研究理事会每年就委员会平衡及利益冲突问题进行讨论，致力于处理和解决利益冲突问题。美国国家研究理事会首席财务执行官办公室和法律顾问办公室需要共同确定是否存在利益冲突问题，不得任命任何与所履行的职能存在利益冲突的个人。

需要注意的是，某一观点不一致或存在偏见不一定是利益冲突，美国国家研究理事会允许委员会成员有自己的观点，只需事先预测委员会成员可能的观点，在分配特定任务时，综合考虑这些观点。美国国家研究理事会要求委员会成员在反映自身观点的同时，尊重其他成员的观点。委员会成员的科学发现和结论应该建立在证据基础上，而不是任何组织的代表。如果不同意其他成员的观点，每个委员都有权发表不同意见。

结合上述原则，美国国家研究理事会委员会选择和审批流程的具体步骤如下：美国国家研究理事会工作人员大范围地向潜在委员会成员征求广泛建议，推荐候选人；从各个方面全面审查候选人，由美国国家研究理事会主席批准候选人，得到临时委员会名单；公示临时委员会名单，征求公众意见；临时委员会成员填写背景信息和利益冲突披露表；召开第一次委员会会议，进行委员会利益冲突讨论；调查委员会的专业知识问题，提议并完成对委员会名单的修改；委员会正式获得批准。

3）信息收集、审议和起草报告

委员会通常采取以下方式收集信息：在 Academies 网站提前公布会议信息并面向公众开放及征求意见；外部提交信息；发表对科学文献的评论；进行委员会成员和工作人员的调查。整个过程中，会充分征求直接参与或对所考虑问题有特殊认识的个体意见。根据美国联邦法律，除少数例外情况，委员会的信息收集会议向公众开放，任何非学院官员、工作人员或相关人员提供给委员会的书面材料均公开可查。

此外，委员会还召开内部审议会议，以便在没有外界影响的情况下得到审查结果和制定建议，并向公众提供这些会议的简要摘要，其中包括在场的委员名单，但报告的所有分析过程和草案都是保密的（刘慧晖等，2019）。

研讨会报告、摘要和会议记录的标准具体如下。①介绍性材料是否清楚地解释了诉讼的目的和背景？诉讼程序是否涵盖了所说的内容，是否解释了没有涵盖的内容（如果需要）？②会议的内容是否清楚和可理解？③如果委员参加了研讨会，会议记录的内容是否准确地反映了其演示、讨论和论文内容？④是否已经将议事过程中表达的所有意见适当地归于参加者个人或参与者群体？会议记录中是否有任何可能被误解为反映创作委员会或整个讲习班参与者的共识判断的陈述？⑤材料的陈述是否平衡和公平？是否恰当地处理了敏感的政策问题？标题合适吗？

4）报告总结

作为对研究质量和客观性的最终检查，委员会需上报研究报告，美国国家研究理事会聘请相关专家对委员会编写的报告进行独立的外部审查和评论，专家的评论将以匿名方式反馈给委员会成员。委员会必须对审核意见作出回应，但不是必须同意审核专家的评论意见，最终由一个或两个负责确保报告审核标准得到满足的独立报告审核监督员进行最后审核。在所有委员会成员和相关领导签署最终报告后，将其转交给研究赞助人并向公众发布。在整个过程中，赞助人没有机会修改报告，从而保证了研究的独立性和客观性。报告审查的相关内容如下。

（1）审查过程的监督。报告的审查过程由报告审查委员会负责监督，该委员会由美国国家科学院、美国国家工程院和美国国家医学院的大约 30 名成员组成。这一过程由负责项目机构监督的部门管理。该部门与报告审查委员会协商，任命一组对报告中审议的关键问题有不同看法的独立审查人员，即监测人员（由报告审查委员会任命）和/或/审查协调员。审查过程中报告不得向发起人或公众公布，也不得公布其调查结果，直至审查进程圆满完成，所有作者都核准了修订草案。此外，一旦审查完成，就不得对核准的案文作出任何改动（小的编辑修正除外）。

（2）审查过程的保密。为鼓励审查协调员自由发表意见，审查意见被视为机密文件，交给报告作者，并删除识别资料。在提交评论意见后，审查协调员被要求归还或销毁草稿，并避免披露他们的评论或草稿的内容。审查过程参与者的姓名和隶属关系将在报告发布时公布（通常在印刷报告中予以确认），但他们的评论仍是保密的。即使在报告发表后，审稿人也不应透露他们的评论或对手稿草稿所作的任何修改。

（3）审查标准。报告的审查标准具体如下。①报告中是否清楚说明了问题？问题的各个方面是否都得到了充分的解决？作者是否超越了其职责或专长？②结论和建议是否有充分的证据、分析和论据支持？证据中的不确定性或不完全性是否得到明确承认？如果有任何建议是基于价值判断或作者的集体意见，是否得到承认，是否为作出这些判决提供了充分的理由？③数据和分析是否处理得当？统计方法是否适当应用？④敏感的政策问题是否得到认真对待？如果报告载有关于机构重组或设立一个新的机构实体的建议，任务说明是否具体要求这样做，是否考虑到包括现状在内的备选办法的利弊？如果报告载有预算建议，任务说明中是否具体要求这样做？⑤报告的论述和组织是否有效？标题合适吗？⑥报告公平吗？它的语气是否公正，没有特别的恳求？⑦摘要或执行摘要是否简明、准确地描述了主要的调查结果和建议？与报告的其他部分是否一致？⑧签署的文件或附录（如果有的话）是否与问题有关？如果报告依靠已签署的文件来支持协商一致的结论或建议，这些文件是否符合标准？⑨报告中如果有其他重大改进，还可作哪些其他重大改进？

4.1.2　典型案例——海洋科学优先发展领域遴选过程

美国国家科学基金会是海洋科学领域基础研究的主要资助机构。为确保美国海洋科学事业未来十年保持强大，2013 年 10 月，美国国家科学基金会委托美国国家研究理事会开展调查研究，以期为其制定海洋科学未来十年的资助战略以及相关资助政策提供参考。2015 年初，美国国家研究理事会发布了题为《海洋变化：2015-2025 海洋科学 10 年计划》的报告。该报告在梳理 21 世纪海洋科学重要进展的基础上，提出了 2015～2025 年美国国家科学基金会海洋科学优先领域，具体遴选过程如下（图 4-3）。

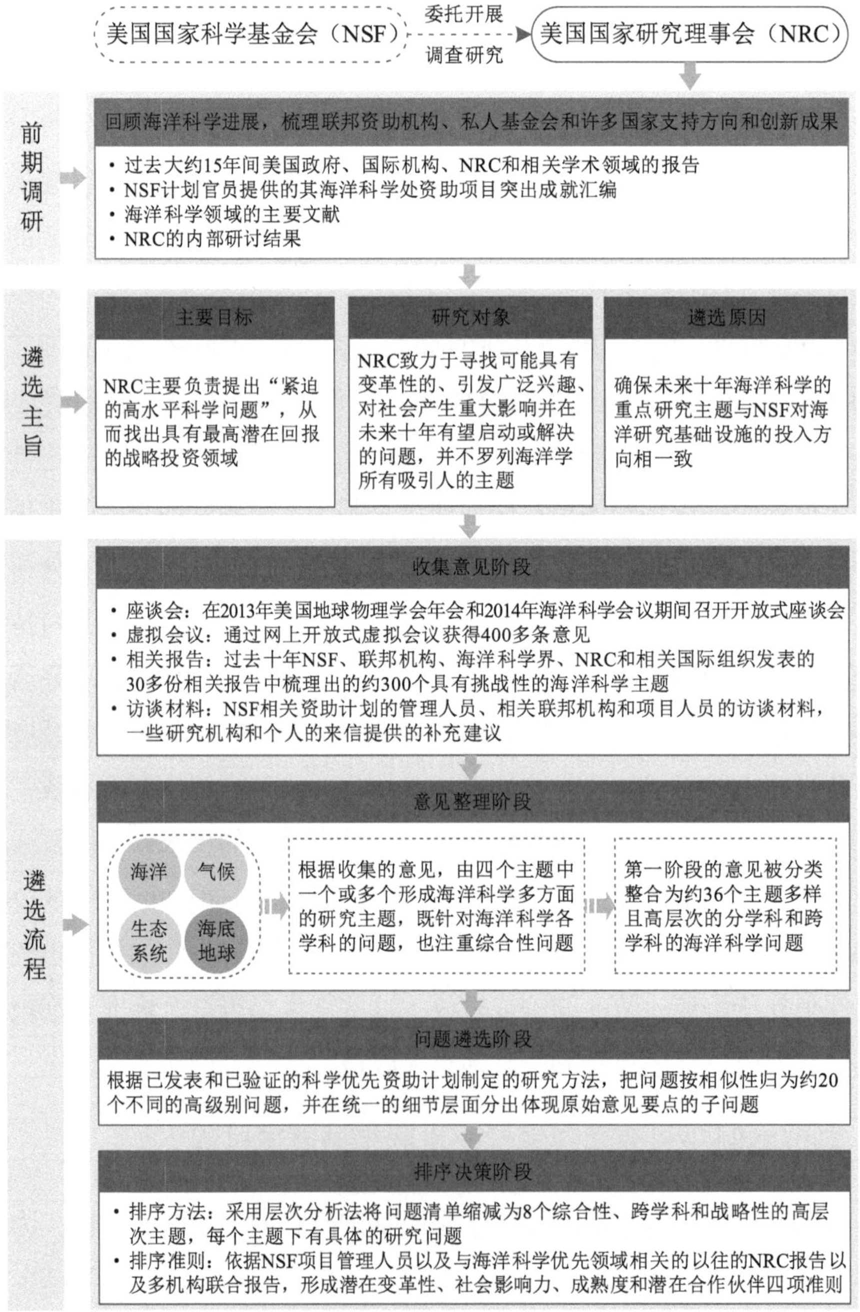

前期调研

美国国家科学基金会（NSF） ——委托开展调查研究→ 美国国家研究理事会（NRC）

回顾海洋科学进展，梳理联邦资助机构、私人基金会和许多国家支持方向和创新成果
- 过去大约15年间美国政府、国际机构、NRC和相关学术领域的报告
- NSF计划官员提供的其海洋科学处资助项目突出成就汇编
- 海洋科学领域的主要文献
- NRC的内部研讨结果

遴选主旨

主要目标	研究对象	遴选原因
NRC主要负责提出"紧迫的高水平科学问题"，从而找出具有最高潜在回报的战略投资领域	NRC致力于寻找可能具有变革性的、引发广泛兴趣、对社会产生重大影响并在未来十年有望启动或解决的问题，并不罗列海洋学所有吸引人的主题	确保未来十年海洋科学的重点研究主题与NSF对海洋研究基础设施的投入方向相一致

遴选流程

收集意见阶段
- 座谈会：在2013年美国地球物理学会年会和2014年海洋科学会议期间召开开放式座谈会
- 虚拟会议：通过网上开放式虚拟会议获得400多条意见
- 相关报告：过去十年NSF、联邦机构、海洋科学界、NRC和相关国际组织发表的30多份相关报告中梳理出的约300个具有挑战性的海洋科学主题
- 访谈材料：NSF相关资助计划的管理人员、相关联邦机构和项目人员的访谈材料，一些研究机构和个人的来信提供的补充建议

意见整理阶段

海洋　气候　生态系统　海底地球 ⟹ 根据收集的意见，由四个主题中一个或多个形成海洋科学多方面的研究主题，既针对海洋科学各学科的问题，也注重综合性问题　⟹　第一阶段的意见被分类整合为约36个主题多样且高层次的分学科和跨学科的海洋科学问题

问题遴选阶段

根据已发表和已验证的科学优先资助计划制定的研究方法，把问题按相似性归为约20个不同的高级别问题，并在统一的细节层面分出体现原始意见要点的子问题

排序决策阶段
- 排序方法：采用层次分析法将问题清单缩减为8个综合性、跨学科和战略性的高层次主题，每个主题下有具体的研究问题
- 排序准则：依据NSF项目管理人员以及与海洋科学优先领域相关的以往的NRC报告以及多机构联合报告，形成潜在变革性、社会影响力、成熟度和潜在合作伙伴四项准则

图 4-3　美国国家研究理事会海洋科学优先领域遴选

4.1.2.1 前期调研

美国国家研究理事会回顾了 21 世纪海洋科学的主要成就,其代表了海洋研究的重要进展,也体现了来自相关联邦资助机构、私人基金会和许多国家的支持方向和创新成果。这些成就选自过去大约 15 年间美国政府、国际机构、美国国家研究理事会和相关学术领域的报告,美国国家科学基金会计划官员提供的其海洋科学处资助项目突出成就汇编,海洋科学领域的主要文献,以及美国国家研究理事会的内部研讨结果。

4.1.2.2 遴选主旨

(1)主要目标。美国国家研究理事会主要负责提出"紧迫的高水平科学问题",这些问题将成为未来十年海洋科学的核心,一旦得到解答,可能会改变针对海洋的科学认识。提出这些问题的目标是"找出具有最高潜在回报的战略投资领域"。

(2)研究对象。美国国家研究理事会不罗列海洋学所有吸引人的主题,而是寻找可能具有变革性、引发广泛兴趣、对社会产生重大影响并在未来十年有望启动研究或解决的问题。

(3)遴选原因。美国国家研究理事会确定优先领域的目的是确保未来十年海洋科学的重点研究主题与美国国家科学基金会对海洋研究基础设施的投入方向相一致。

4.1.2.3 遴选流程

第一阶段:收集意见。为了制定海洋科学的优先领域集,美国国家研究理事会通过以下方式获得了相关意见和建议:在 2013 年秋季美国地球物理学会年会(加利福尼亚州旧金山市)和 2014 年海洋科学会议(夏威夷州檀香山市)期间召开开放式座谈会;通过网上开放式虚拟会议于 2013 年 11 月至 2014 年 3 月获得 400 多条意见;从过去十年美国国家科学基金会、联邦机构、海洋科学界、美国国家研究理事会和相关国际组织发表的 30 多份相关报告中梳理出的约 300 个具有挑战性的海洋科学主题;美国国家科学基金会相关资助计划的管理人员和其他人士对美国国家研究理事会所作的相关陈述;由其他联邦机构和其他项目人员提供的相关陈述、访谈和材料；一些研究机构和个人的来信提供的补充建议。

第二阶段：意见整理。上述意见首先被分类整合为约 36 个主题多样且高层次的分学科和跨学科的海洋科学问题。委员会采用的方法更加注重意见的多样性，而不是其流行性，这类方法与名义群组技术是一致的。该排序方案是围绕四个统一的主题组织起来的，即海洋、气候、生态系统和海底地球，包括了海洋科学多方面的研究主题。所有意见都被分到包含一个或多个主题的"盒子"里，既针对海洋科学各学科的问题，也注重综合性问题。例如，有三个"盒子"分别针对生态系统、海底地球-海洋、气候-海洋-生态系统。

第三阶段：问题遴选。根据已发表和已验证的科学优先资助计划制定的研究方法，把问题按相似性归为约 20 个不同的高级别问题，并在统一的细节层面分出体现原始意见要点的子问题。例如，极地研究是从虚拟座谈会意见中得到的主题。委员会整合意见时，将其列入了子问题，同时也认识到美国国家科学基金会其他科学部和其他联邦机构也支持海洋研究，这些部门和机构与海洋科学处有合作关系。

第四阶段：排序决策。依据委员会的任务说明，采用层次分析法将问题清单缩减为 8 个综合性、跨学科和战略性的高层次主题，每个主题下有具体的研究问题。层次分析法的基础是按重要性及其权重设置遴选准则，然后以此来衡量候选清单上的选项（每次只依据一项准则）。遴选准则的设置建议，来自美国国家研究理事会的项目管理人员以及与海洋科学研究优先领域相关的以往的美国国家研究理事会报告以及多机构联合报告。四项遴选准则按重要性依次为：潜在变革性、社会影响力、成熟度和潜在合作伙伴。分述如下。

（1）潜在变革性。按美国国家科学基金会的定义，具有潜在变革性的研究"……所涉及的思想、发现或工具，从根本上改变对一个重要的科学或工程概念或教育实践的理解，或者创造一个新的科学、工程或教育的范式或领域。这类研究挑战现有的认识，或提供通往新的研究前沿的途径"（曹玲静和张志强，2022）。这方面的例子可能包括，以某些新的见解、改进的仪器或全新的视角，来探索某个未曾考虑过的问题或研究某个长期存在的问题。无论哪种情形，都将导致对现有知识进行重大修正。

（2）社会影响力。美国国家科学基金会和其他联邦机构越来越强调，要着重资助具有重要的社会影响力的领域，如美国国家科学基金会对其项目申请就有"具有较广泛的影响力"的要求。联邦政府对颇具社会意义的海洋科学领域的概述，分别见诸美国海洋政策委员会 2004 年发布的《21 世纪海洋蓝图》、美国国家科学技术委员会（National Science and Technology Council，NSTC）分别于 2007 年和 2013 年发布的《绘制美国未来十年海洋科学路线图（2007-2017）》和《海洋国家的科学——海洋研究优先计划（修订版）》，以及美国国家海洋委员会 2013 发布的《国家海洋政策执行计划》，还有提高应对自然或人为灾害的恢复能力、改善人类和生态系统健康、保持安全可持续的食物供给等主题。

（3）成熟度。某些领域具有较高成熟度，即对问题的表述很清晰，解决这些问题有现成的工具和基础设施，有充满活力和/或不断壮大的研究群体，还有现成的合作伙伴。这类研究可快速启动，即使得到研究成果尚需时日。

（4）潜在合作伙伴。虽然美国国家科学基金会是海洋科学基础研究的主要资助机构，但其他联邦和州立机构、私人基金会、产业界和国际组织也对海洋科学基础和应用研究感兴趣。美国国家科学基金会之外对海洋科学感兴趣的组织机构都是美国国家科学基金会的潜在合作伙伴（刘慧晖等，2019）。上述机构的各个议题可吸引合作兴趣方，提供不断增加的研究资助经费和额外的技术工具或基础设施，增加更多的研究专业知识或实物资源，允许进入不同的地理区域，或对相关社会影响和研究成果在私营部门中的应用提出建议。

美国国家研究理事会发挥充分了解情况的优势和明智的判断力，将以上四个准则加权定量用于候选清单中的约 20 个问题。其中，潜在变革性的权重最大，然后依次为社会影响力、成熟度和潜在合作伙伴。由于潜在变革性在准则中排名第一、权重最高，因此确认在科学上具有重要性而潜在变革性较低的研究最终排序并不靠前。但出于实际需要，每个问题的科学重要性也被定量排序。美国国家研究理事会发现，科学重要性较高与潜在变革性较高之间有相对较强的相关性。有几个问题的科学重要性虽相对较低，但因社会意义和/或成熟度较高，其综合排名亦不低。应用层次分析法，最终筛选出 8 个海洋科学的优先领域。这 8 个优先领域是综合性、跨学科和战略性的高层次主题，每个领域均可提出具体的研究问题。委员会设想，通过海洋科学处的核心资助计划、美国国家科学基金会跨学科计划、美国国家科学基金会与其他联邦机构伙伴计划或美国国家科学基金会国际合作计划重点解决这些问题。

4.2 美国国家科学基金会科技优先发展领域遴选

美国国家科学基金会是由美国国会于 1950 年创建的一个独立的联邦政府机构。美国国家科学基金会的使命是促进科学进步，促进国民健康、繁荣和福利，以及保证国家安全等。美国国家科学基金会密切跟踪美国和世界各地的研究，与研究界不断保持联系，查明不断变化的研究视野，追踪哪些领域最有可能带来惊人的进步，并选择最有前途的人员进行研究。美国国家科学基金会的独特之处在于，其并不像政府其他部门只负责服务某个特定的领域，而是对几乎所有科学和工程领域给予关注和支持。美国国家科学基金会的资金来源于政府拨款，同时以基金项目的形式对科学研究和教育领域进行资助。美国国家科学基金会在美国国家科学委员会的监管下，建立了由主任办公室、七大学部以及各类型办公室组成的组织管理体系（图 4-4）。

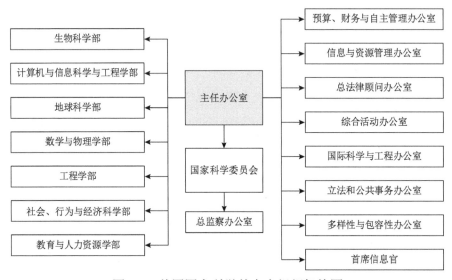

图 4-4 美国国家科学基金会组织机构图

美国国家科学基金会科技优先发展领域形成及实施与其制定战略规划和年

度计划密切结合。为了实现"一个在研究和创新方面处于全球领先地位的国家"的愿景,美国国家科学基金会于 2018 年 2 月 12 日发布《构建未来:投资发现和创新战略规划(2018—2022)》。本节将依据该规划展开对其科技优先发展领域形成及实施的深入研究。

4.2.1　科技优先发展领域形成

4.2.1.1　评估动态背景

由于制定战略规划的环境在不断发展,美国国家科学基金会在制定战略规划前会考虑到影响战略规划目标和策略的动态背景。①重要的当代因素:全球竞争、新技术的启用、数据密集型科学、复杂系统的作用、融合研究;②战略机会:新的量子革命、新北极导航、人类技术前沿工作的未来、预测表型促进了解生命规则、多信使天体物理学时代、数据革命的利用(National Science Foundation,2018)。

4.2.1.2　证据构建

美国国家科学基金会从许多来源收集资料与证据,用于制定战略规划。

1)国家科学委员会

国家科学委员会由总统任命,其成员负责审查美国国家科学基金会的战略规划以及实施策略。美国国家科学委员会负责收到并确认美国国家科学基金会每年向总统提交预算的款项。

2)咨询委员会

美国国家科学基金会每个学部都有一个外部咨询委员会,通常每年召开两次会议,目的是审查和建议规划管理,讨论当前问题,并就学部所涵盖学科和领域中的政策、计划和活动的影响进行回顾并提供建议。

3)顾问委员会

顾问委员会是美国国家科学基金会领导级咨询委员会的下级委员会。顾问委员会审查大约每四年进行一次,他们为美国国家科学基金会提供了外部专家评估,保证评估程序运行、程序管理和程序组合的质量和完整性。

4）外部评估

美国国家科学基金会的各学部总监和计划办公室负责对主要计划和投资进行外部评估。大型项目（如建设项目中心和投资设施）都要由外部专家团队和美国国家科学基金会工作人员进行严格评估。美国国家科学基金会近期建立了评估能力小组，评估能力小组开发的数据和分析工具为美国国家科学基金会的战略审查提供了依据。

5）十年调查和学术界研讨会

特定科学和工程学术界的扩展规划工作是确定新研究机会和项目投资优先级的重要来源。在某些领域，如天文学和海洋科学，这些被称为"十年调查"，有助于确定哪些基础设施投资是该领域的优先考虑事项。在许多领域中，学术界规划通常会开展研讨会，这些研讨会将现场的研究人员召集在一起，碰撞思想，产生新的思路，形成报告。

6）国家学院研究

美国国家科学院、美国国家工程院和美国国家医学院经常对某个领域的状况进行评估，或者为联邦投资研究提供建设性指导，或者就业务和运营流程提供建议。

7）征询公众意见

在制定战略规划时，美国国家科学基金会邀请了公众、学术界、企业、专业科学和工程组织就 2014～2018 年美国国家科学基金会战略规划的主要内容提供反馈。战略规划撰写团队在准备当前规划时，将收到的公众意见进行汇总和使用。

8）绩效评估报告

美国国家科学基金会编制一项有关绩效评估流程运作情况的两年期统计摘要，该报告提供给美国国家科学委员会，委员会审查并发布该文件。其中包括以下信息：提交的提案数量、成功率、平均奖励金额和期限以及提案者、获奖者和评审者的多样性，这些信息可以促进绩效评估流程的改进。

9）客户满意度调查

美国国家科学基金会会经常对提交和审查建议书的研究人员进行调查。事实证明，此信息有助于理解绩效评估流程的哪些变更可能会产生重大影响。从2015 年的调查开始，美国国家科学基金会已开始每两年进行一次调查。

10）其他证据来源

美国国家科学基金会在战略规划和完善其内部业务流程中产生的一些信息也可作为证据来源，主要包括：内部工作组、政府问责局的报告，以及年度联邦就业观点调查的结果。

4.2.1.3　利益相关者参与

2018～2022 年战略规划的第一阶段准备工作于 2016 年开始，其中包括向众多利益相关者收集有关当前战略计划应如何发展的建议。图 4-5 总结了利益相关者参与的过程。

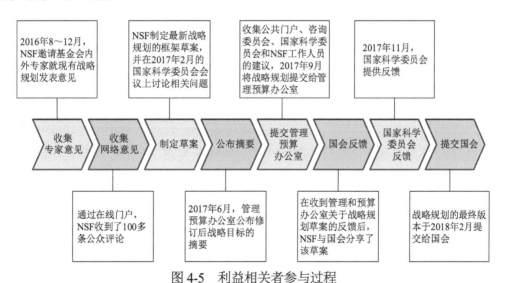

图 4-5　利益相关者参与过程

4.2.1.4　评估潜在投资优先领域

美国国家科学基金会从许多来源收集到有关确定投资优先领域的证据后，需要对潜在投资领域进行评估。评估潜在投资领域的考虑因素包括如下几个方面。

（1）与美国国家科学基金会的任务保持一致。投资优先领域是否可以在不重复其他机构或资金组织努力的情况下，进一步推动美国国家科学基金会战略规划确立的美国国家科学基金会的使命、愿景、目标和宗旨。

（2）预算。投资优先领域的投资水平是否与机会、风险水平、相关性和潜在影响相一致。

（3）潜在的影响。投资优先领域是否具有以下潜在影响：可能会改变科学或工程领域，对社会具有广泛意义或重大利益，推动美国位于新兴领域的最前沿，促进教学、学习、指导、培训和推广，为国家研究与发展优先领域作出贡献，保持经济竞争力，支持国防建设，以及实现其他对社会重要的结果。

（4）时机和投资准备。时机是否是获得投资优先领域最佳结果的关键，投资是否是保持投资优先领域长期稳定并取得进展的必要因素。

（5）研究与教育相结合，并加强学习与研究之间的联系。投资优先领域是否提供了鼓励未来科学家、工程师和教育者的丰富环境，以及是否为教师和学生提供了参与本科、研究生和博士后研究活动的机会（张萍等，2022）。

（6）扩大参与。投资优先领域是否有助于增加参加研究和培训的美国人口的多样性。

（7）合作。投资优先领域是否为国家和国际伙伴关系创造机会，或增加其他美国国家科学基金会活动，或利用其他学术界、行业、联邦机构或国际对研究、教育和基础设施的投资。通过利用这种伙伴关系，美国国家科学基金会避免了重复并提高了投资效率。

4.2.2 科技优先发展领域实施

4.2.2.1 战略目标确定

美国国家科学基金会 2018～2022 年战略规划的战略目标包括以下 3 个方面。

1）扩展科学、工程和学习方面的知识

（1）知识：通过对思想、人员和基础设施的投资来增进知识。

（2）实践：推进研究实践。

2）增强国家应对当前和未来挑战的能力

（1）社会影响：支持研究并促进合作伙伴关系，以加速创新并提供新机制来满足紧迫的社会需求。

（2）STEM[①]劳动力：加强高水平、多元化的研究队伍建设，提高国家的科学与创新能力。

3）增强美国国家科学基金会的使命绩效

（1）人力资本：吸引、留住多元化的高水平人才。

（2）流程和运作：不断改善机构运营。

4.2.2.2　核心战略

为了实现战略目标，美国国家科学基金会使用了许多核心战略，这些核心战略有些与确定优先领域有关，有些为研究项目的选择提供指导，有些与加强机构的运作有关，具体如下。

1）投资项目组合机制

美国国家科学基金会每年收到大约 5 万个研究经费申请书，以及几乎所有科学、工程和教育研究领域的 16 000 个研究生项目资金申请。由于美国国家科学基金会仅能资助所收到的小部分优质建议和申请，因此美国国家科学基金会努力维护受资助项目的均衡，保持地理位置分散的投资项目组合。美国国家科学基金会通过以下策略，努力使这些项目的整体影响最大化：①保持平衡的投资项目组合，为科学、工程和学习的所有领域的原创研究提供机会；②通过透明、负责和诚信的运作来维护公众的信任；③在寻求持续改进的同时，保持美国国家科学基金会的高质量绩效评估流程；④与其他科学赞助者和专业组织合作；⑤欢迎跨学科提案和采用新颖方法的提案；⑥酌情对规划和投资领域进行定量或其他循证评估；⑦维护最新的数字工具和业务系统；⑧推动学术领先的研究人员和教育工作者在美国国家科学基金会临时任职，以他们的专业知识和最新经验来补充美国国家科学基金会常驻员工的专业知识。

---

① STEM 代表科学（Science）、技术（Technology）、工程（Engineering）和数学（Mathematics）。

2）机构运营机制

美国国家科学基金会通过各种活动集思广益后，在三个优先领域采取行动，针对提高美国国家科学基金会的效率和效力提出了强有力的建议。美国国家科学基金会将通过以下方式提高效率和效力。

（1）IT服务机构：利用新的信息技术、软件方面的新发展来改善核心流程（如绩效评估和财务管理）的实施。

（2）扩大公共和私人伙伴关系：简化机构流程，消除建立伙伴关系的障碍，推进融合研究；对现有的美国国家科学基金会伙伴关系进行分类，并确定在此基础上建立的最佳实践以及需要应对的挑战；修改阻碍建立伙伴关系的现行政策和做法；明确联合投资和伙伴关系的条款和机制，如捐款、谅解备忘录和跨机构协议；简化机构间活动；探索其他资金转移机构，提供美国国家科学基金会传统使用的资金交付模式以外的替代模式；在优先领域建立新的伙伴关系。

（3）精细化、标准化和简化程序与流程：美国国家科学基金会将转向更加一致和标准化的程序和规划结构，简化决策流程，并精简对跨领域研究的审查和资助；减少截止日期的使用，并为不受主题领域限制的提案提供机会。

3）员工管理机制

研究性质的不断变化，美国国家科学基金会使用信息技术方式的变化，对合作伙伴关系的使用和扩大以及程序与流程的简化，凸显了使美国国家科学基金会员工的技能和优势与不断发展的格局保持一致的重要性。为了使美国国家科学基金会员工适应工作，美国国家科学基金会将奉行以下策略。

（1）随着科学的变化，美国国家科学基金会将提高员工的技能，使其在更综合、跨领域的环境中有效发挥作用。

（2）美国国家科学基金会将审查和修订职位描述，以反映当今工作环境中的工作职责和所需技能组合。

美国国家科学基金会制定一个招聘、培训和发展框架，提高员工的能力，从而高效和有效地完成美国国家科学基金会使命。

4.2.2.3　实施效果评估

在战略规划执行期间，美国国家科学基金会通过不同方法评估战略目标的进展以及检查计划的有效性。

（1）管理层评论：每个季度，美国国家科学基金会高级领导都会在首席运营官和绩效改进官的主持下，在以数据驱动的审查会议中审查美国国家科学基金会实现所有绩效目标的进度。

（2）评价指标：美国国家科学基金会使用一组平衡的评价指标、里程碑进行度量。由于美国国家科学基金会投资的性质，其前两个战略目标的进展评估往往基于产出或结果，第三个战略目标是更加以管理为导向的目标，评估标准包括效率和客户服务指标，以及与战略人力资本管理和多样性等长期活动相关的产出和结果指标。

（3）战略审查：美国国家科学基金会的战略审查流程使用现有评估和报告的结果以及其他证据来源，如管理数据分析。由于美国国家科学基金会战略规划中的战略目标是跨领域的，并不反映美国国家科学基金会的组织结构，因此战略审查也是跨领域的，战略审查的过程会利用美国国家科学基金会已经存在的综合评估过程。

4.3　美国国家科学技术委员会科技优先发展领域遴选

美国国家科学技术委员会建立于 1993 年 11 月 23 日，是行政部门内部协调的主要手段，旨在制定科学技术政策和研究发展战略，协调组成联邦研究与开发企业的各个实体。美国国家科学技术委员会召集联邦科技领导人，并为科学技术政策和投资制定清晰明确的国家目标。该内阁级别委员会由总统主持，美国国家科学技术委员会的成员由副总统、承担重大科学和技术职责的内阁秘书和机构负责人以及其他白宫官员组成。美国国家科学技术委员会的主要功能是协调科技决策过程，确保科技计划目标与总统规定的目标相一致，协助整合总统的科技政策议程，确保在制定和实施联邦政策时将科学和技术纳入考虑，以促进国际科技合作。

2014 年 12 月 18 日，美国总统签署了《国家网络安全保护法》，该法律要求美国国家科学技术委员会和其下设的网络与信息技术研发（Networking and Information Technology Research and Development，NITRD）小组委员会在风险评估的基础上，每四年制定、维护和更新网络安全研发战略计划，以指导联邦资助研发的总体方向。2019 年《联邦网络安全研发战略计划》是在白宫科学和技术政策办公室的领导下，由 NITRD 小组委员会和美国国家科学技术委员会组成的网络安全和信息保障跨机构工作组（Cyber Security and Information Assurance Interagency Working Group，CSIA IWG）制定的。该计划根据 2014 年《国家网络安全保护法》的要求更新了 2016 年《联邦网络安全研发战略计划》，旨在为进行或资助网络安全研发的联邦机构提供指导并确定优先级。本节通过研究美国国家科学技术委员会的 2019 年《联邦网络安全研发战略计划》，展开其科技优先发展领域形成及实施的深入研究。

4.3.1 科技优先发展领域形成

在 2019 年《联邦网络安全研发战略计划》制定的准备阶段，CSIA IWG 向公众广泛收集意见并针对 2016 年的计划提出网络安全的战略框架。

4.3.1.1 公众意见

2018 年 11 月 7 日，CSIA IWG 通过 NITRD 小组委员会发布信息文件，寻求公众对联邦网络安全研发优先领域提供意见。通过与工业界和学术界进行磋商，并在公开会议上与工业界进行接触，确保联邦资助的研发活动不会重复私人部门的投资。CSIA IWG 希望反馈者在确定挑战、前瞻性研究活动和预期成果的特征时，应考虑到十年的时间框架。在征集公众意见时，CSIA IWG 要求回答者回答以下一个或多个问题。

（1）哪些创新的变革性技术有可能极大地增强数字基础架构的安全性、可靠性、灵活性和可信赖性，并保护消费者隐私？

（2）与 2016 年《联邦网络安全研发战略计划》的目标相比，取得了哪些进展？是否有成熟的私营部门解决方案可以解决 2016 年《联邦网络安全研发战略计划》中提出的缺陷？对于联邦资助的基础研究，不再需要优先考虑 2016

年《联邦网络安全研发战略计划》的哪些研究领域或主题？

（3）2016 年《联邦网络安全研发战略计划》的哪些研究领域或主题应继续成为联邦资助研究的优先领域，并需要持续的联邦研发投资？

（4）2016 年《联邦网络安全研发战略计划》中未包含的哪些挑战或目标应成为联邦资助的网络安全研发的战略重点？讨论需要什么样的新功能，哪些目标应指导此类研究，以及为什么这些功能和目标应作为战略重点。

（5）在未来 10 年，各级教育的网络安全教育和劳动力发展应该考虑哪些变化，以便让学生、教师和劳动力为新出现的网络安全挑战（如人工智能、量子计算和物联网对网络安全的影响）做好准备？

（6）在国内或其他国家，还有其他哪些研发战略、计划或活动可以为美国联邦网络安全研发战略计划提供信息？

4.3.1.2 战略框架

网络安全的基本目标是在寻求更有效保护的基础上，尽可能地减轻网络负担。有效的网络安全主要基于四个防御要素的能力：威慑、保护、检测和响应。

（1）威慑：保护系统免受网络威胁的最有效方法是在恶意网络活动危害系统或企业之前将其停止。因此，通过新技术衡量恶意活动危害系统所需的成本，从源头上将恶意活动遏制。

（2）保护：保护指的是创建能够高度抵抗恶意网络活动的系统和网络，要达成此要素需要开发具有较少安全漏洞缺陷的软件、硬件或固件，并且实施具有效力和效率的安全原则。

（3）检测：检测是指对正在进行的恶意活动进行态势感知和了解，并逐渐发展出高度自动化的检测警报能力。这就要求及时检测漏洞，提供态势感知进行有效检测。

（4）响应：响应是指对恶意网络活动进行快速而有效的反应。这就要求 R&D 活动应通过提供动态评估、自适应响应和多尺度协调三种方式，提高系统进行反应、抵抗、恢复和适应恶意网络活动的能力。

图 4-6 显示了战略框架的四个防御要素阻挠恶意网络活动的过程，不断加强这四个相互关联的防御要素，可以从整体上成功地阻挠恶意网络活动。

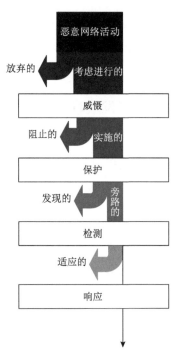

图 4-6　网络安全防御要素战略框架

4.3.2　科技优先发展领域实施

4.3.2.1　科技优先发展领域确定

为了推进联邦网络安全研发目标，应对网络安全挑战，2019 年《联邦网络安全研发战略计划》在 2016 年《联邦网络安全研发战略计划》框架的基础上，综合考虑公众意见，最终确定了优先研发的六个领域：人工智能、量子信息科学、可信赖的分布式数字基础架构、隐私、安全的硬件和软件以及教育和劳动力发展。如图 4-7 所示，这六个优先领域的进步可以增强战略框架中四种防御要素的网络安全性。

4.3.2.2　关键依赖

四种防御要素以及六个优先领域的进步需要以下几个方面的持续发展。

1）人力资本

要实现有效的网络安全需要培养专业且熟练的网络安全团队以及大众。可以通过以下研究提高网络安全性。①安全性研究：设计可提高其可用性和可接受性的安全技术；②社会与行为研究：确定网络安全措施最佳的激励机制；

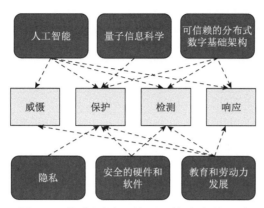

图 4-7 优先领域及其对网络安全的影响

③开发心理学、社会学和经济模型：研究人的弱点和长处；④开发动机和行为敏感性模型：考察对手的动机和威慑行动；⑤设计人力资源和技术系统：预防和发现内部威胁；⑥心理研究：研究组织、社会和程序员的心理；⑦研究恶意网络活动的社会和国际规范。

2）研究基础设施

进入高级网络安全测试平台是阻碍研究的重要原因。在企业的参与下，联邦政府应在云计算、医疗保健和电信等各种应用领域中扩大网络安全测试平台的范围并提升准确性。网络安全测试平台还应该支持多学科试验，包括计算机科学、人类行为、认识论和教育等方面。

3）风险管理

要达到合适的安全级别，不仅要靠技术，更要深入了解组织的目标、能力以及面临的威胁。风险管理是对风险进行识别、评估和响应的持续过程，可以通过以下方面提升风险管理水平。①整合包含人为因素的综合成本建模技术；②改进风险模型，包含有关已知漏洞和计划漏洞的信息；③在风险管理实践中运用建模、仿真和试验。

4）科学基础

在以下领域建立科学基础将直接支持网络安全防御要素和优先领域的目标：①搭建带有威胁定量定义的正式框架，提供可衡量的安全假设和保障；②构建安全系统的原则性设计技术，保证系统具有可验证或可衡量的安全特性；③建立推理框架，用于预测不断发展的破坏性技术和威胁；④构建理论和模型用于理解个人、组织和社会的需求以及社会技术系统中有关安全性和隐私性的行为。

5）过渡到实践

联邦机构应增加研发资金，促进网络安全研发过渡到实践活动，如开展系统集成商论坛、小企业创新研究活动以及联盟企业投资。

4.3.2.3　实施计划

为避免研发资金出现冗余，联邦政府、学术界和研究组织以及商业部门需要各自确定策略并互相协调。

1）联邦研究机构

在支持长期高风险网络安全研究计划上，美国联邦政府是主要资金来源，而美国国家科学基金会等科学机构发挥领导作用。这些机构需要确定重要且成功概率大的研发计划，为其提供资金并将这项研究转化为实践。根据不同机构，研究可以在内部进行，或在国家实验室进行，或在学术界通过赠款、合作协议等方式进行。

2）学术界和研究机构

研究机构和专业协会是网络安全研发工作的自然伙伴，根据公开的有效性和效率要求，这些组织通过制定研究策略、组织会议和出版期刊，可以极大地提高网络安全领域的科学严谨性。

3）商业领域

即使是最大的 IT 公司，商业资助的网络安全研究的预算也通常相对较少，因为长期研究通常会让整个行业受益，而不仅仅是资助它的公司。但是私营和公共部门的研发活动有许多协同增效的机会，因此要构建运转良好的网络安全研究生态系统，就必须为两个部门提供互惠互利的多种机制。

4）协调与合作

跨部门的协调与合作有利于避免多余的研究计划，美国国家科学技术委员会通过多种公私合作伙伴关系与行业互动,促进了联邦部门和机构之间的协调。例如,美国国土安全部和国防部在硅谷均设有办事处,扩大与技术创新者的对话(王锋,2020)。

4.4　美国国家航空航天局科技优先发展领域遴选

美国国家航空航天局(National Aeronautics and Space Administration,NASA)成立于 1958 年 10 月 1 日,是美国联邦政府的一个独立的行政性科研机构,负责制定、实施美国的太空计划,并开展航空科学和太空科学的研究(李志民,2018)。美国国家航空航天局支持国家在航空航天领域的经济增长,增加公众对宇宙的了解,并且与工业界合作推动美国航空技术发展,提高美国的领导地位。美国国家航空航天局总体由局长负责行政,组织管理内容主要分为两方面:总部事务管理和业务事务管理,分别由各职能办公室和四个任务委员会负责(张扬眉,2013)。美国国家航空航天局有关空间科学方面的任务都由四个任务委员会来实现,主要包括科学任务委员会、航空研究任务委员会、载人探索与运行任务委员会以及空间技术任务委员会。美国国家航空航天局向国会提交预算,并将拨付资金用于研究项目。国会两院的授权委员会(预算委员会)及其几个委员会对美国国家航空航天局的预算及其开支项目逐项进行研究,两院的授权委员会都有权增减美国国家航空航天局的预算额度(张扬眉,2013)。

美国国家航空航天局发布的《NASA 战略规划 2018》概述了美国国家航空航天局的未来计划,为其所有活动提供了清晰统一的方向,并为机构建立和评估其计划的成功奠定了基础。本节将根据《NASA 战略规划 2018》,展开美国国家航空航天局科技优先发展领域形成及实施的深入研究。

4.4.1　科技优先发展领域形成

美国国家航空航天局在选择国家科技优先发展领域时,为保持目标的连续性,会以六个主要要素为特征进行选择:①促进新发现并扩展人类知识;②全球参与和国际交流；③与国家安全和工业基地态势的互动；④经济发展与增长；⑤应对国家挑战；⑥领导与启发（National Aeronautics and Space Administration，2019）。这些要素反映在整个战略计划中。

《NASA 战略规划 2018》确定了四个战略目标：发现、探索、发展与实现。发现，代表了美国国家航空航天局持久的科学发现目的；探索，代表了美国国家航空航天局扩大人类在太空存在边界的努力；发展，代表了美国国家航空航天局推广未来技术的广泛授权；实现，代表了使美国国家航空航天局能够完成其任务的能力，包括员工和设施，这些目标将增强美国国家航空航天局的能力，以完成其使命，并推动美国在太空探索、科学技术开发和航空航天领域获得卓越成果。

4.4.2 科技优先发展领域实施

4.4.2.1 实施机制

基于《NASA 战略规划 2018》，美国空间科学战略优先事项实施机制如图 4-8 所示，其主要由优先事项、绩效目标和绩效计划三个环节构成。战略规划形成的优先事项作为实施机制的出发点，美国国家航空航天局根据优先事项制定一系列具有不同时间跨度的绩效目标，这些绩效目标有的是机构层面的，有的是联邦层面的，并最终体现在绩效计划中。

1）优先事项

《NASA 战略规划 2018》所确定的优先事项与美国国家航空航天局的愿景和使命保持一致，既反映了国家政策和法规，也反映了美国国家航空航天局管理者设定的战略方向。战略主题与战略目标意义深远，具有前瞻性，形成了战略实施机制的顶层，清晰地阐明了机构想要实现什么，以推进机构使命的实现并解决国家需求和挑战。战略目的通常长达 10 年，他们表达美国国家航空航天局将如何实现战略目标。《NASA 战略规划 2018》优先事项如表 4-1 所示。

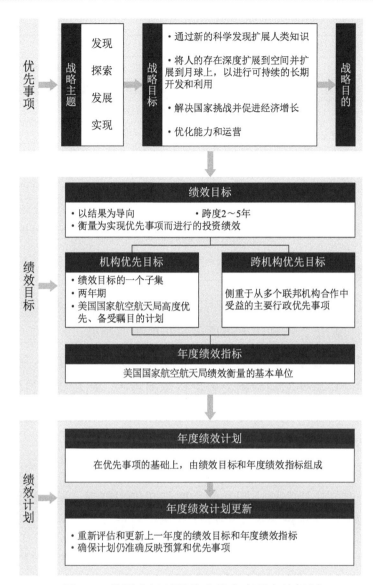

图 4-8　美国空间科学战略优先事项实施机制

表 4-1　《NASA 战略规划 2018》优先事项

战略主题	战略目标	战略目的
发现	1 通过新的科学发现扩展人类知识	1.1 了解太阳、地球、太阳系和宇宙
		1.2 了解物理和生物系统对航天领域的影响
探索	2 将人的存在深度扩展到空间并扩展到月球上，以进行可持续的长期开发和利用	2.1 在商业市场推动下，为美国维持人类在近地轨道的持续存在奠定基础
		2.2 在深空包括到月球表面进行探索
发展	3 解决国家挑战并促进经济增长	3.1 开发和转让革命性技术，以提升美国国家航空航天局和国家的探索能力

续表

战略主题	战略目标	战略目的
发展	3 解决国家挑战并促进经济增长	3.2 通过革命性的技术研究、开发和转让改变航空业
		3.3 在航空、航天和科学领域激发和吸引公众
实现	4 优化能力和运营	4.1 参与合作伙伴战略
		4.2 启用空间访问和服务
		4.3 确保安全和任务成功
		4.4 管理人力资本
		4.5 确保企业保护
		4.6 维持基础架构能力和运营

2）绩效目标

美国国家航空航天局自 2011 年引入绩效目标，绩效目标跨度为 2~5 年，以结果为导向，衡量为实现优先事项而进行的投资绩效。

（1）机构优先目标：机构优先目标是绩效目标的一个子集，受到高级管理层的额外关注，并给外部利益相关者进行单独报告。机构优先目标代表了美国国家航空航天局高度优先、备受瞩目的计划，每两年美国国家航空航天局领导层会根据《NASA 战略规划 2018》制定机构优先目标。

（2）跨机构优先目标：跨机构优先目标属于联邦层面，时间跨度为 5 年，侧重于从多个联邦机构合作中受益的主要行政优先事项。美国国家航空航天局通过相关的年度绩效指标来实现跨机构的优先目标。

（3）年度绩效指标：年度绩效指标作为美国国家航空航天局绩效衡量的基本单位，描述的是较小的、可实现的衡量标准，是达到绩效目标的渐进性步骤。它们反映了每一年度机构取得的进展，美国国家航空航天局用它们来评估实现绩效目标的进程。

3）年度绩效计划执行与更新

年度绩效计划将多年的绩效目标和年度绩效指标添加到战略规划中设定的优先事项中来，每年美国国家航空航天局根据下一年度预算要求制定年度绩效计划。为每一阶段的绩效目标确定负责的项目、委员会或办公室。

除了针对下一年度的绩效计划外，美国国家航空航天局还重新评估和更新上一年度的绩效目标和年度绩效指标。年度绩效计划更新可确保计划仍准确反映预算和优先事项。由于战略、预算或计划变更，美国国家航空航天局可以借此机会修改年度绩效指标描述，添加新指标或删除不需要的指标。

4.4.2.2　评估机制

美国国家航空航天局利用证据为各级的投资决策提供信息，包括日常运营、选择主要任务和建立必要的基础设施等各个方面。这种证据有几种形式，包括内部、外部和独立第三方进行的评估，这些评估有助于为研究策略和优先事项提供信息。美国国家航空航天局的优先事项评估机制主要由内部评估与外部评估组成。具体评估机制示意图见图4-9。

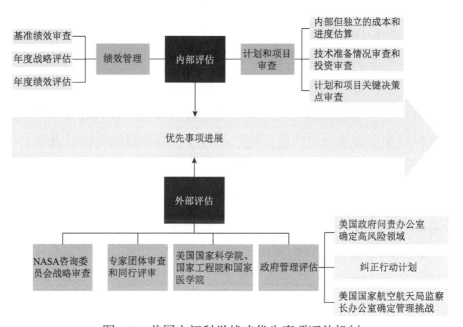

图4-9　美国空间科学战略优先事项评估机制

1）内部评估

（1）绩效管理。

美国国家航空航天局绩效管理的一大特点是数据驱动，这促使其绩效管理系统的不断改善并提高责任感、透明度和监督能力。美国国家航空航天局会跨越财政年度连续不断地计划和评估其绩效，结合年度计划、规划、预算和执行过程，确保资源及时调整以支持任务和运营需求。这种持续不断的反馈循环可保证计划反映出绩效预期，并且相应地，这些绩效结果将为规划决策提供依据。

美国国家航空航天局有四个机构级委员会，负责制定战略方向并监督机构的活动。政府要求所有机构指定首席运营官和绩效改进官来管理机构的绩效。目前，美国国家航空航天局的副局长担任首席运营官，战略投资部总监担任绩效改进官。他们设定目标，确保机构各个级别的决策者都能获得及时、可行的绩效信息，同时进行数据驱动的频繁审查，以指导决策和行动，改善绩效并降低成本。

①基准绩效审查。首席运营官每月举行一次内部评估和报告论坛，在此论坛上，美国国家航空航天局领导层将根据既定计划跟踪和评估机构的工作绩效。基准绩效审查是对机构根据其战略目标和其他绩效指标（如成本和进度估计、合同承诺和技术目标）的绩效表现进行的自下而上的审查。每个任务委员会定期对其所监督的活动进行绩效评估。绩效组织外部的分析师提供独立的评估。

②年度战略评估。年度战略评估包括对美国国家航空航天局每个优先事项的全面分析。每个战略目的负责人都会对其负责的战略目的进行评估，评估内容包括从长期来看该战略目的的影响以及近期该战略目的的执行进度，根据这项自我评估，战略目的负责人需要确定这些战略目的取得的引人注目的进展、令人满意的绩效或是需要改进的重点领域。另外，美国国家航空航天局的绩效改进办公室为了找出各部门共同的问题，组织跨部门评估，这项评估也包括分析验证每个战略目的的自我评估。美国国家航空航天局首席运营官对自我评估和跨部门评估的总结进行审查，然后决定战略目的的最终评级和机构的下一步行动。

③年度绩效评估。在每年的第三和第四季度，计划官员评估年度绩效计划中列出的绩效目标的实现进度。他们确定该绩效目标是否达到了预期的目标，为其分配适当的颜色等级并提供证明该评级合理的解释信息：白色代表计划取消或延期，红色代表明显低于目标或落后于计划，黄色代表略低于目标或落后于计划，绿色代表已经实现或正在实现。绩效评估结果会提交给美国国家航空航天局首席运营官和绩效改进官，使他们随时了解美国国家航空航天局的绩效进度并提供反馈及修正建议。

（2）计划和项目审查。

①内部但独立的成本和进度估算。美国国家航空航天局监视和评估设计、

建造和运行航天器及其他主要资产的工程过程。此类投资的绩效指标部分侧重于实际与计划进度和成本的比较，美国国家航空航天局的独立分析师可帮助制定和管理实际成本并安排进度估算。他们还为建立项目成本和进度基准以及满足利益相关者的期望提供了独立的视角。其他美国国家航空航天局分析师则使用挣值管理专业知识来帮助任务计划者为所购产品和技术建立有意义的绩效里程碑。

②技术准备情况审查和投资审查。技术开发专家使用技术准备水平（一组逐步完善的标准和里程碑）来评估技术或能力的成熟度，评估覆盖技术开发的早期概念、测试、集成和使用。美国国家航空航天局定期进行进度审查，以衡量工作的进展情况，同时也确保技术开发对其任务保持相关性和有益性。美国国家航空航天局每年对其技术开发组合进行评估，以确保投资继续与机构未来的需求相一致，并确保所需技术之间保持平衡。

③计划和项目关键决策点（Key Decision Point，KDP）审查。美国国家航空航天局需要对计划和项目在其整个生命周期中的进度进行内部独立评估。高级领导人开展一系列正式的内部评估把关关键决策点，要求管理人员提供有关计划和项目在关键领域执行情况的评估。这些关键决策点是特定的里程碑，管理人员必须在这些里程碑上向机构领导层提供有关该项目的成熟度和准备情况的信息，美国国家航空航天局会确定项目是否准备好进入其生命周期的下一阶段，并确定该阶段的内容、成本和进度（图 4-10）。

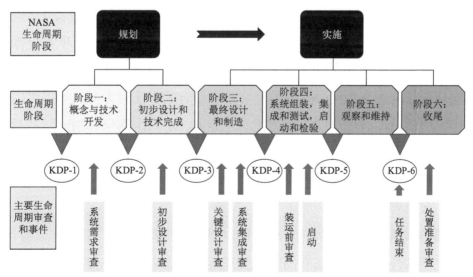

图 4-10　美国国家航空航天局飞行项目生命周期阶段、关键决策点（KDP）和里程碑

2）外部评估

（1）美国国家航空航天局咨询委员会战略审查。

美国国家航空航天局所有的绩效评估与战略评估都是与科学咨询委员会协调进行的。美国国家航空航天局的目标反映了广泛的科学、探索和技术目标，为了衡量实现这些目标的进度，美国国家航空航天局的科学任务委员会使用美国国家航空航天局科学咨询委员会下属的科学纪律委员会来评估实现这些目标的进展情况。该委员会由各个学科领域的专家组成，委员会的职责包括评估任务结果、发表同行评审的科学知识以及任务进展，并向美国国家航空航天局管理层推荐绩效等级。此外，科学咨询委员会向美国国家航空航天局行政人员提供有关项目、政策、计划、财务控制、高级人员变动以及其他与机构职责相关的重大事项建议。

（2）专家团体审查和同行评审。

美国国家航空航天局依靠在主要科学领域具有专业知识的外部团体评估，使用外部同行评审小组来客观地评估有关科学、技术和教育领域新工作的提案。科学任务委员会还会参考外部高级科学家的评论与意见，来确定已完成目标的科学任务是否需要进行业务扩展或直接结束。另外，受到美国国家航空航天局支持的研究论文在专业期刊上发表时将接受独立的同行评审。

（3）美国国家科学院、国家工程院和国家医学院。

美国国家航空航天局接受来自国家科学院、国家工程院和国家医学院的独立专家建议，该建议为规划提供指导，并帮助确保机构的优先事项符合探索和科学界的需要。美国国家科学院牵头进行了一系列的十年调查和其他分析，这些调查和分析有助于为科学任务委员会投资组合的平衡和方向决策提供信息。美国国家科学院还通过对航空航天技术和能力、空间生物学和物理学以及航空航天等领域的专项研究，向美国国家航空航天局提供独立的专家建议，最终的决策反映在年度绩效计划中。

（4）政府管理评估。

美国国家航空航天局例行对内进行内部审查，帮助维持、管理和改善运营。此外，定期的外部管理评估有助于将管理层的注意力集中在存在高风险或潜在困难的领域。美国政府问责办公室（Government Accountability Office，GAO）和美国国家航空航天局监察长办公室（Office of Inspector General，OIG）进行此类外部管理评估，确定问题点并建议如何解决。GAO 和 OIG 提出的问题是管理层需要关注的重点领域。每年，GAO 都会对美国国家航空航天局的活动进行多次审核，OIG 会根据 GAO 的高风险清单列出最高管理和绩效挑战。美国国家航空航天局利用 OIG 审查评估的结果来提高机构计划、项目和职能活动的整体效率。

4.5　欧盟委员会"地平线 2020"计划

4.5.1　欧盟委员会

欧盟委员会（European Commission，EC）是欧盟的一个独立执行机构，它独立负责制定新的欧洲立法提案，并执行欧洲议会和欧盟理事会的决定、管理欧盟的日常事务。

4.5.1.1　欧盟委员会的职能

欧盟委员会的主要职能包括起草法令、管理欧盟政策并分配欧盟资金、执行欧盟法律，以及在国际上代表欧盟，具体如下。

（1）起草法令。欧盟委员会是唯一为欧洲议会和欧盟理事起草法律的机构。它在国家层面无法有效处理的问题上保护欧盟及其公民的利益，并通过咨询专家和征求公众意见，掌握技术上的细节。

（2）管理欧盟政策并分配欧盟资金。欧盟委员会、欧盟理事会和欧洲议会一起确定欧盟的优先支出事项，提出年度预算供欧盟理事会和欧洲议会批准，并在审计法院的监督下管理资金的使用情况。

（3）执行欧盟法律。欧盟委员会与欧洲法院一起确保欧盟法律在所有成员国适用。

（4）在国际上代表欧盟。欧盟委员会代表所有欧盟国家在国际机构发言，特别是在贸易政策和人道主义的援助领域。

此外，欧盟委员会还负责协商欧盟的国际协议。

4.5.1.2　欧盟委员会的组织构成

欧盟委员会的决策机构是由委员会主席领导的委员会专员（每个欧盟国家各一名）组成的欧盟专员团（图 4-11）。专员团成员包括欧盟委员会主席、首席副主席、外交政策和安全政策联盟高级代表、5 名副主席以及担任部长的专员。欧盟委员会主席决定每名专员负责的具体政策领域。虽然每个欧盟国家都有一位专员，但他们的工作是捍卫整个欧盟的利益，而不是国家利益。在欧盟委员会内部，这些专员的角色是决策者。例如，共同对委员会的战略和政策作出决定，提议法律、资助计划和年度预算，供欧盟理事会和欧洲议会讨论和决策。

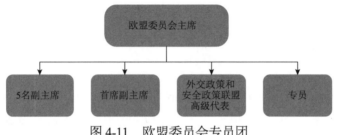

图 4-11　欧盟委员会专员团

欧盟委员会由不同的政策部门、服务部门、执行部门组成。其中，政策部门被称为总司，各总司分别负责一个政策领域，需要制定、实施和管理欧盟的政策、法律和资助项目；服务部门处理特定的管理问题；执行部门负责管理欧盟委员会启动的项目。除上述三种机构之外，欧盟委员会在世界各地设有办事处。驻欧盟国家的办事处在东道国代表欧盟委员会；驻非欧盟国家的办事处由欧洲对外行动处管理。

总司分为农业和农村发展总司，预算总司，气候行动、新闻和通信总司，通信网络、内容和技术总司，竞争总司，经济和金融事务总司，教育、青年、体育和文化总司，就业、社会事务和包容性总司，能源总司，环境总司，欧洲公民保护和人道主义援助行动总司，欧洲邻国政策和扩盟协商总司，欧盟统计局，金融稳定、金融服务和资本市场联盟总司，健康和食品安全总司，人力资源和安全、情报总司，内部市场、产业、企业和中小企业总司，国际合作与发展总司，口译与会务总司，联合研究中心、公正与消费者总司，海事和渔业总司，移民和内政总司，流动性和运输总司，区域和城市政策总司，科研和创新总司，税收和关税联盟总司，贸易总司，翻译总司。

服务部门有个人权益管理与支付部，数据保护办公室，欧洲反欺诈办公室，欧洲人事选拔办公室，欧洲政治战略中心，外交政策工具、历史档案服务部，布鲁塞尔基础设施和物流部，卢森堡基础设施和物流部，内部审计服务部，法律服务部，图书馆和电子资源中心，出版办公室，总秘书处，结构改革支持服务部，与英国进行第 50 条谈判的专题小组。

执行部门有消费者、健康、农业和食品执行局，教育、视听和文化执行局，欧洲研究委员会执行局，中小企业执行局，创新和网络执行局，研究执行局。

4.5.1.3　欧盟委员会的工作模式

欧盟的总体政策战略是由其下属的几个机构共同制定的，包括欧洲议会、欧洲理事会、欧盟理事会和欧盟委员会。欧盟委员会的具体工作模式如下。

（1）确定优先领域。欧盟委员会主席决定其任期内的政治优先事项，每 5 年在新的委员会任期开始时列出在该任期内应重点关注的优先领域，这些领域来自联合国安全理事会的战略议程及与欧洲议会政治团体的讨论。

（2）制定总体工作计划。委员会主席每年都会前往欧洲议会，介绍欧盟委员会在上一年的成就以及当年的优先事项。欧盟委员会根据委员会主席在欧洲议会的陈述设置未来 12 个月的具体工作计划，这份计划描述这些优先事项将如何转化为具体行动，其他欧盟机构和国家议会也对该计划发表评论。

（3）制定具体战略计划。委员会下属部门对于如何实现委员会制定的优先领域进行详细说明，并制定明确的目标和指标以供监测和报告。对于所有立法和政策举措，委员会部门都要进行影响评估，以分析提案可能带来的经济、环境和社会影响。

另外，欧盟委员会计划行动清单和欧盟委员会已通过计划清单的定期更新会发送给其他欧盟机构，以便其组织自己的活动。在预算年度结束时，所有部门都会编制实现目标的绩效年度活动报告。

4.5.1.4　欧盟委员会的咨询专家组

欧盟科技计划的咨询工作，大多数均有赖于各行业各领域的专家资源。对于科技战略规划、政策效果评价、项目评审评估等，欧盟委员会都会组建相应专家组或专家委员会提供咨询服务。2005 年 7 月，欧盟委员会废除了沿用近 30

年的专家组年度授权系统，取而代之的是新定义的机制化框架，并正式启用专家在线注册系统。2010 年 11 月，为进一步规范程序，统一标准，欧盟委员会引入新的有关专家组组建和使用的框架，对专家组的职责范围做了更严谨的界定（宋海刚，2016），具体如下。

（1）职能。欧盟委员会的专家组至少由 6 人组成（专家来源不限，公司组织均可）且至少召开两次专家组会议，他们的正式职责是向委员会及其服务的对象提供咨询和专业知识。专家组是欧盟委员会的附属咨询机构，他们在从政策构思到制定、实施、监督和评估的整个政策过程中提供专业知识。欧盟委员会专家组在欧洲政策制定过程中只是非正式的咨询角色，没有任何否决权，其建议并不具有约束力，即专家组只负责为欧盟委员会提供建议，而在欧洲政策的制定过程中没有任何正式的权力。

（2）形式。专家组由欧盟委员会总司一级的机构创建和管理，因此按照欧盟委员会的部门结构进行组织，每个专家组都有一个母总司。在总司内部，通常是一名高级公职人员负责开启专家组的设立（van Schendelen，2006）。总司可以通过两种不同的方式建立专家组：一是正式由委员会决定，即正式专家组；二是经委员会秘书长同意非正式地成立，即非正式专家组。在第二种情况下，创建一个专家组必须经过相应的总司负责人同意。欧盟委员会通过考虑这个专家组工作的预期政治影响来确定采用哪种方式成立专家组，因此预期将拥有政治影响力的专家组，在创立过程中更被建议拥有一个正式的法律基础。相反，针对紧急问题或特定需求时，非正式的结构更被青睐。这些专家组在创立时，既可以有一个固定的期限，即临时专家组；也可以拥有一个不受限的期限，即常设专家组，在实践中，临时专家组和常设专家组的人数几乎是平均分配的。

（3）人员构成。欧盟委员会对于专业知识有一个较为宽泛的定义：专业知识可能有多种形式，既包括科学知识也包括实践经验，它也可能与具体的国家或地区情况有关，在政策制定周期的任何阶段都有可能需要专业知识，只不过不同阶段需要的专业知识形式不同。因此，欧盟委员会的专家组不仅包括科学家和学者，还有来自国家政府当局或利益集团、民间团体和产业界的代表。由于可能的成员众多，专家组的组成各不相同（Gornitzka and Sverdrup，2011），专家组成员的身份可以是：①个人；②利益相关者的代表；③组织，如公司、协会、非政府组织、工会；④欧盟成员国的机构（从国家层面到地区层面）。以个人身份参与的参与者，需要"独立行动，代表公共利益"。在后三种情况中，成员因其所属的机构而参与，因此代表这些机构行事。

（4）选拔标准。招聘和选拔专家组成员没有正式的规则。尽管如此，秘书长还是建议总司，在合理切实可行的范围内遵循相应的准则。例如，对于以个人身份参与的组员，总司应公开征集申请并根据客观可核实的标准选择专家组成员：一方面，要求组员在相关领域拥有高水平的专业知识、能接受偶尔的短期出差、较好地掌握英语、法语或德语以及能够使用 IT 工具等；另一方面，这些以个人身份参与的组员，如果被确认存在利益冲突，将被欧盟委员会排除在外。对于组员是组织或机构的代表的，其由欧盟委员会直接任命或被要求由所代表的组织或机构提名。在这方面，欧盟委员会也保留了拒绝一个组织提名的代表并要求替换的权力。在选择专家组成员时，委员会的服务机构还需要在专家组组成中寻求一定的平衡，欧盟委员会规定欧盟委员会及其各部门的目标应是确保专家组的成员能均衡地代表专业领域和利益领域，兼顾性别和地域来源的均衡，同时考虑到每个专家组的具体任务和需要的特殊专业知识。

（5）报酬。个人、组织或国家代表在委员会中可以被授予观察员地位，因此对于专家组成员来说，参与是一种荣誉。一般来说，专家组成员没有报酬，但欧盟委员会会报销差旅费。此外，在被证明是合理理由的情况下，专家可以获得报酬。

4.5.2　典型案例——欧盟"地平线 2020"计划制定过程

欧盟作为一个区域一体化组织，研究与创新政策是其政策框架中的重要组成部分，欧盟有着特定的科研管理和规划体系。欧盟"地平线 2020"的出台正值欧洲经济从 2008 年金融危机中缓慢复苏，但又面临公共债务危机，并可能陷入新一轮经济衰退的时期，需要在短期内稳定金融和经济体系，同时采取措施为未来经济发展创造机会，为促进智慧型、可持续和包容性的增长，提出了到 2020 年研发投入占 GDP 比例增加到 3% 的发展目标。新的"地平线 2020"框架计划整合原有的框架计划（FPs）、竞争与创新框架计划（CIP）、创新与技术研究院（EIT），以及其他欧盟创新计划，形成了一个统一的战略框架。整合这些计划主要是在对单个计划进行评估的基础上，发现了目前计划体系存在的一些不足，如缺乏贯穿整个研究与创新价值链的方法、资助措施的复杂性、过多的行政规则和程序，以及缺乏透明度等（发达国家科技计划管理机制研究课题组，2016）。

4.5.2.1 制定阶段

"地平线 2020"作为近年来欧盟动作较大的一次计划体系改革，其推出涉及方面众多，是一个广泛凝聚各方共识的过程。这一过程主要是由欧盟委员会的科研总署负责的，包括以下四个阶段（图 4-12）。

（1）观点形成：基于对前期计划执行情况的评估和专家意见形成基本的观点。

（2）咨询研讨：经过相关的前瞻会议、利益相关者和欧盟科研机构的广泛的咨询研讨和主题咨询，形成战略咨询文件。

（3）综合分析（主题咨询、问题分析和情景分析）：战略咨询文件经过欧盟委员会相关总署、领域专家及成员国代表等主题咨询，经过问题分析、情景分析，提出规划要解决的挑战、目标，并初步设计主题。

（4）提案确定：在前期讨论的基础上，提出最终的规划方案，即"地平线 2020"提案（陈媛媛和赵宏伟，2020）。

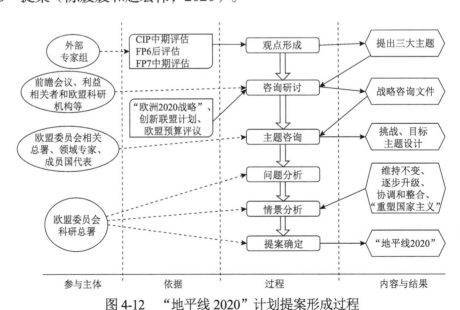

图 4-12 "地平线 2020"计划提案形成过程

4.5.2.2　制定方法

（1）对原有框架计划的评价。吸引外部专家开展对已有计划的系统性评价是"地平线 2020"制定和实施的重要前提和基础。早在 2009 年，关于欧盟未来科研与创新框架的变化就已经在几大科研框架的评估报告中有所体现。例如，2009 年对 FP6 进行的事后评估、2010 年对 FP7 和 CIP 等进行的中期评估等，这些评价大多由外部专家来组织进行，在提出了诸多亟待完善的问题时，对在政策工具或计划管理机制上的深化也提出了建议。此外，欧盟委员会还从成员国政府、研究委员会，以及独立委员会报告等多个渠道征集关于科技创新投入改革的进一步意见方案，为"地平线 2020"指出明确的方向（常静，2012）。

（2）就利益相关者的交流与互动而言包括举办各种技术预见会议以及组织广泛的公众咨询和社会参与活动。2011 年 1 月举办了利益相关者会议，共有 550 名参会者，包括来自创新研究机构、产业界、大学、非政府组织、中介等不同领域的人士。随后，又召开了第二次会议，共有 650 多名与会者共同预见和探讨了欧盟未来科研与创新框架公众咨询的相关事宜。此外，欧盟成员国政府、国家研究理事会及欧盟相关代表机构，均提交了诸多针对未来科研与创新框架的咨询报告。欧盟委员会在 2011 年 2 月发布了名为《从挑战到机遇：迈向欧盟研究和创新资金的共同战略框架》的政府"绿皮书"，通过在线调查、博客互动、书面提交等多种方式与公众进行互动。除了对重要议题进行讨论外，还征求了关于下一步计划的命名意见。

（3）多种政策选项的情景分析。根据欧盟的"影响评价规定"，每一项欧盟层面财政开支计划出台时，必须同时进行事前评价，以确定计划采用政策选项的合理性。2011 年 11 月，"地平线 2020"方案出台的同时，也出台了其影响评价报告，提出新计划会对欧盟的经济社会发展起到怎样的预期影响。报告中提到，在优化调整欧盟现有科技计划体系的过程中，提出了包括"地平线 2020"在内的四种不同的政策选项，即维持不变、逐步升级、协调和整合（为科研和创新建立一个战略性的框架，消除现有的科研与创新活动之间的分散和割裂现象）和"重塑国家主义"（取消在欧盟层面的科研与创新计划，加强欧盟成员国层面上的创新活动）。欧盟委员会构建了政策分析框架，从有效性、效率以及协同性三个维度对四个方案进行综合评价。

经过情景分析，欧盟委员会选择了协调和整合方案，即"地平线 2020"，主要基于以下分析：一是目标清晰度，该方案的目标较为清晰，可将总体战略目标分解为具体和可操作性的计划目标；二是规模和机制，包含了大量跨学科、跨领域的研究与创新活动，设置了很多以问题为导向的计划，并关注以兴趣和以结果为导向的研究；三是易获取性和可参与性，通过密切联系和依靠参与方的积极参与交互，各个计划之间构建了相同的行政手续，大大降低了项目申请者的学习成本；四是协同和合作，重点促进知识三角协同发展，拓宽水平层面的政策协调，主要包括计划体系以及不同投入方式之间的协同；五是计划的影响，包括计划的结构性影响与杠杆效应以及对创新的影响，对经济发展和竞争力、社会的影响；六是成本和效益，重点从计划管理和项目参与者角度进行成本-效益的分析，政策工具的个数减少有利于管理和参与（常静，2012）。

4.6　澳大利亚研究理事会科技优先发展领域遴选

4.6.1　澳大利亚研究理事会

澳大利亚研究理事会（Australian Research Council，ARC）成立于 1988 年，就研究问题向政府提供建议并管理国家竞争性拨款计划。通过澳大利亚卓越研究（Excellence in Research for Australia，ERA），澳大利亚研究理事会还负责确定卓越的研究成果，将澳大利亚的大学研究工作与国际基准进行比较，创造激励机制，提高研究质量，确定新兴研究领域和进一步发展的机会。

澳大利亚研究理事会由首席执行官和三位具有资深研究背景的教授级执行董事领导，大约有 100 名公务人员。澳大利亚研究理事会还有来自学术界的四名执行董事，在提供战略政策和运营建议，与高等教育和研究部门联系，以及具体的资助计划和学科专业知识方面发挥着重要作用。此外，澳大利亚研究理事会下设多个部门，包括政策和战略部门、信息通信技术服务部门、项目部门、卓越研究部门和企业服务部门（图 4-13）。

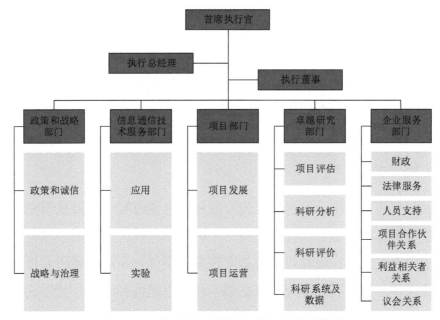

图 4-13　澳大利亚研究理事会组织结构图

4.6.2　典型案例——BAA 创新行动计划

Backing Australia's Ability（BAA）是澳大利亚政府于 2001 年 1 月发起的一项为期五年的创新行动计划。BAA 创新行动计划中重点研究方向选择是澳大利亚研究理事会根据投资战略研究和科技优先发展领域遴选的经验制定的，并且澳大利亚研究理事会就该研究向澳大利亚国家研究重点专题组提供了相应的研究报告，具体内容如下。

4.6.2.1　遴选主旨

澳大利亚研究理事会认为科技优先发展领域旨在促进澳大利亚研究与创新体系的发展，以期为澳大利亚在全球竞争中提供有力的竞争优势。科技优先发展领域应该既具有前瞻性又具有可行性，由此实现澳大利亚的全球竞争优势。此外，科技优先发展领域应综合考虑澳大利亚所具有的优势和机会，选择具有卓越性和潜在获利性的研究。澳大利亚研究理事会给出了遴选科技优先发展领域的三个基本主旨：加强产生新想法和开展研究的能力；加速新想法的商业应用；持续增强澳大利亚的科研能力。

4.6.2.2　遴选原则

澳大利亚研究理事会的科技优先发展领域遴选遵循以下四项原则：程序透明，以考虑相互竞争的优先权要求；科技优先发展领域的判断将基于研究卓越性和潜在收益性两个方面；遴选结果需要专家和利益相关者（研究界、商业、工业和政府部门）达成共识；科技优先发展领域的判断将以证据为基础。

4.6.2.3　遴选方法

澳大利亚研究理事会在科技优先发展领域遴选过程中主要从研究卓越性和潜在收益性两方面考虑：研究卓越性对于确保该科技优先发展领域研究成果的国际竞争力至关重要；潜在收益性是实现该科技优先发展领域研究投资最大回报的先决条件。澳大利亚研究理事会基于研究卓越性和潜在收益性这两方面给出了遴选科技优先发展领域的二维图（图4-14），该图可以解释科技优先发展领域的重要意义，即设置优先级来优先分配资源，对于具有高研究卓越性和高潜在收益性的研究领域可以加强投资，从而提高竞争性经济优势。具体地，该图将研究领域分为以下四种类型。

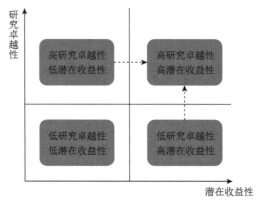

图4-14　澳大利亚研究理事会优先发展领域遴选二维图

第一类领域：具有高研究卓越性和高潜在收益性的研究领域。此类研究领域的特点是研究既具有高度的卓越性，又可以产生或有可能产生巨大的利益。此类研究领域必须成为持续投资的重点，即成为科技优先发展领域。

第二类领域：具有高研究卓越性和低潜在收益性的研究领域。此类研究领域的特点是研究具有高度的卓越性，但是其实际效益较低，需要额外的投资才能获得潜在的收益。由于科研领域的突破不是一蹴而就的，一些持续的投资是有必要的，最终会产生收益，因此此类研究领域也可成为科技优先发展领域。

第三类领域：具有低研究卓越性和高潜在收益性的研究领域。此类研究领域的特点是研究的卓越性较低，但其收益潜力巨大，此类研究领域也可成为科技优先发展领域。

第四类领域：具有低研究卓越性和低潜在收益性的研究领域。此类研究领域的优势较低，且不能产生巨大的利益，因此此类研究领域不能成为科技优先发展领域。

通常来讲，澳大利亚研究理事会将投资的重点放在第一类领域，即具有高研究卓越性和高潜在收益性的研究领域，这类领域将高度卓越的研究与实际或潜在的重大利益相结合。对于第二类和第三类领域的投资，旨在将这两类研究领域转移到第一类领域，因此，这两类研究领域也可以被认为是存在机会或社会需要的领域。

通过上述对各个领域进行定位的方法，澳大利亚研究理事会制定国家科技优先发展领域。这种方法不仅有助于确立澳大利亚建立国际领导地位的研究领域，而且可以帮助其确定新领域的研究，以及有效应用于解决澳大利亚的实际问题和需求的研究。

4.6.2.4　遴选流程

澳大利亚研究理事会认为，必须根据 2020 年澳大利亚研究和创新规划目标制定国家科技优先发展领域，还必须通过重点加强能够促进澳大利亚研究和创新能力的结构性要素来巩固 BAA 中所提供的战略方向，这些结构性要素的质量将成为澳大利亚未来全球竞争力的关键。具体地，澳大利亚研究理事会的遴选流程如下（图 4-15）。

（1）明确遴选目标。遴选的主要目标是通过确定科技优先发展领域来发展构成国家研究和创新能力的关键结构要素，最大限度地为国家带来经济、社会和环境效益，从而实现全球竞争优势。

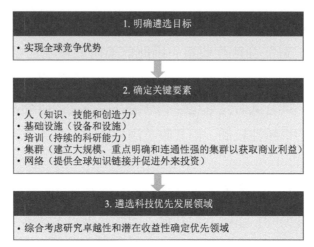

图 4-15 澳大利亚研究理事会科技优先发展领域遴选流程

（2）确定关键要素。构成国家研究和创新能力的关键结构要素为以下五类要素：人（知识、技能和创造力）、基础设施（设备和设施）、培训（持续的科研能力）、集群（建立大规模、重点明确和连通性强的集群以获取商业利益）和网络（提供全球知识链接并促进外来投资）。

（3）遴选科技优先发展领域。遴选时从研究卓越性和潜在收益性两方面考虑，确保优先发展的领域可以持续保持强大的研究能力，可以用来解决具有国家意义的实际新问题，可以吸收新的全球思想和技术，并成为未来突破的重要基础。由此确定出具有高卓越性和实际或潜在利益的主题领域，包括：基因组研究、纳米和生物材料、光子科学与技术、复杂智能系统、澳大利亚年轻人的发展、深层地球探索矿物和能源、长途基础设施、ICT 新媒体。

4.7 英国研究理事会科技优先发展领域遴选

4.7.1 英国研究理事会

英国研究理事会（Research Councils UK，RCUK）成立于 2002 年，它是在英国成立了生物技术及生物科学研究理事会（BBSRC）、艺术及人文科学研究理事会（AHRC）、工程及自然科学研究理事会（EPSRC）、经济及社会科学研究理事会（ESRC）、医学研究理事会（MRC）、自然环境研究理事会（NERC）

和科学及技术设施理事会（STFC）七个研究理事会之后，为了应对激烈的科技竞争，消除涉及多学科和跨理事会科学研究在制度和体制上的阻碍这一背景下成立的（孟溦和刘智渊，2009）。英国研究理事会是一个虚拟的网络联合体，不属于实体机构，具体职能包括科研经费管理系统建设、研究的评估与影响、研究人员培训和发展、知识交流、国际合作和科技社会发展等。此外，由于 7 个研究理事会作为独立法人，各自独立管理并分别向议会负责，因此英国研究理事会成立执行小组发挥中枢性作用。

英国研究理事会的执行小组成员包括 7 个研究理事会的首席执行官，执行小组的主席则从 7 个首席执行官中选举出来（李振兴，2016）。英国研究理事会的执行小组具体分为行政管理工作组（EG）、效率与改革工作组（ERG）、影响工作组（IG）、研究工作组（RG）和战略研究小组（SU）（发达国家科技计划管理机制研究课题组，2016），具体机构组成如图 4-16 所示。英国研究理事会是英国在开展重大科研活动时不可替代的枢纽站，英国研究理事会的成立提升了研究理事会在科学探索、人才培养和科技创新的资助成效，促进了政府科技创新目标的有效实现。

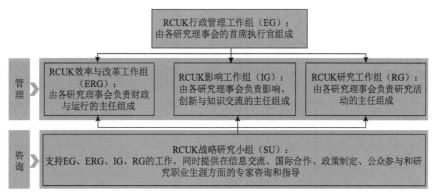

图 4-16　英国研究理事会（RCUK）的组织构成

4.7.2　典型案例——跨研究理事会的数字经济计划

数字经济（Digital Economy）计划是英国艺术及人文科学研究理事会、工程及自然科学研究理事会、经济及社会科学研究理事会和医学研究理事会在 2008 年共同发起的。随后，英国技术战略委员会（Technology Strategy Board，

TSB）也通过对数字经济技术与创新中心项目的资助参与到这一计划之中。这一跨研究理事会的主题计划目的是协调和资助关于未来社会经济、医疗健康和文化领域的数字技术研发及相关人员培训。数字经济计划由英国研究理事会授权工程及自然科学研究理事会实际负责其日常运行与管理，该计划的项目招标由工程及自然科学研究理事会统一发布。

4.7.2.1　数字经济计划的管理机构

1）计划执行委员会

数字经济计划设立日常管理机构——计划执行委员会，该委员会设置在工程及自然科学研究理事会，委员会代表成员由参与计划的各理事会代表组成。此外，执行委员会具体工作人员来自工程及自然科学研究理事会，计划中涉及到的具体项目遴选由执行委员会组织独立的外部专家小组按照工程及自然科学研究理事会的同行评议程序和准则进行评选。

2）计划咨询委员会

数字经济计划在首次研讨会中成立了计划咨询委员会，计划咨询委员会主要负责对计划的咨询和指导工作，委员会成员全部由外部独立专家组成。

4.7.2.2　数字经济计划科技优先发展领域遴选过程

科技优先发展领域遴选对数字经济未来的发展至关重要，在 2008 年 6 月，英国研究理事会发布了《数字经济计划研讨报告》，报告中写明了数字经济计划科技优先发展领域遴选的具体过程，遴选过程如下（图 4-17）。

前期调研
- 广泛调研
- 召开研讨会

问题遴选
- 分析筛选
- 确定六个关键问题

确定科技优先发展领域
- 搜集证据
- 确定宏观研究方向
- 审查相关证据

图 4-17　数字经济计划科技优先发展领域遴选过程

1）前期调研

数字经济计划确立之初，参与计划的各理事会共同组织召开了数字经济计划研讨会，并在研讨会前期对涉及数字经济计划的研究领域进行调研。具体地，研讨会将参与成员分为六个小组，分别遴选出与计划相关的研究领域，并将其形成思维导图。经过讨论，小组遴选出英国具有优势的研究领域以及需要继续提高能力的领域，包括：计算机和 IT、创意艺术和设计、教育、可视化、医疗保健、商业、运输、数据挖掘、安全、无线技术、光学、保险、地理、媒体、经济、数学、社会学、心理学、公共政策、人机交互等多个领域。

2）问题遴选

通过对上述相关领域的分析和筛选，研讨会进一步对未来面临的问题与挑战展开讨论，六个小组经过讨论后提出了六个与计划相关的关键问题，分别为：如何使计划所取得的进步以一种所有人都能获取并参与的方式发展；计划如何在尊重个人主题文化和实践的同时实现学科之间的真正合作和协作；为了在数字经济中建立信任并创造繁荣的环境，计划如何保障个人及组织的安全和隐私；计划项目的实施如何为所有人（无论是个人还是集体）创造机会，以塑造并个性化参与者的经济和社会互动；如何保障计划的可持续性，实现计划成果商业化；计划如何与社会基础设施密切联系。

3）确定科技优先发展领域

在六大研究问题提出之后，数字经济计划通过计划咨询委员会并利用平衡能力分析方法来确定优先发展领域。平衡能力分析方法是建立在证据搜集基础上的遴选方法，主要包括三大部分：一是搜集证据，搜集与科技优先发展领域相关的证据和信息，这些信息具体涉及工程科学、物理科学以及数学科学等领域；二是确定宏观研究方向，科技优先发展领域要与英国整体的研究方向相契合；三是审查相关证据，定期审查其有关研究领域的证据和信息，并考虑研究领域的战略方向是否需要在现有证据基础的背景下进行更新，最后将已搜集证据和信息进行分析和整合，智能化地形成未来资助组合方向。目前，数字经济计划的科技优先发展领域主要包括四方面：一是信任、身份、隐私和安全；二是数字商业模式；三是服务经济下的物联网；四是内容创建和消费。此外，随着科技的不断进步和社会需求的转变，数字经济计划的科技优先发展领域也随之不断完善和更新。

4.8　日本综合科学技术创新会议科技优先发展领域遴选

4.8.1　日本综合科学技术创新会议

日本综合科学技术创新会议①（Council for Science, Technology and Innovation, CSTI）成立于2014年，是日本政府主导全国科技创新的主要参谋机构，该机构以抓宏观科技政策为工作重点，研究和决定科技发展的大政方针，确定国家重大研究领域，制定战略性综合科技政策，协调相关省厅的科技工作（如科技预算的分配、跨省厅科技计划的管理协调等）（黄吉和张虹，2017）。同时，根据首相的咨询要求，调查和审议科技基本政策、预算以及人才分配方针，为政府就相关科技问题的决策提供咨询意见。它是日本关于科学技术的最高咨询、决策机构，也是日本强化首相和中央政府科技管理职能的重要一环。

4.8.1.1　组织结构

日本综合科学技术创新会议主要由理事会及专项调查会构成（图4-18），二者承担着不同的功能职责，具体如下。①理事会：科技创新决策的核心参谋。日本综合科学技术创新会议理事会由内阁总理大臣（即首相）担任会长，成员包括负责科技政策推进的担当大臣等、与科技相关的内阁大臣（文部科学省、总务省、财务省等的负责人）、不同领域的专家（科研机构负责人、大学校长、大型企业负责人等）。理事会作为强化日本政府首相与内阁职能的重要部门，对内阁出台重要政策产生直接影响。②专项调查会：科技创新政策评估的权威机构。日本综合科学技术创新会议下设若干专项调查会，负责对日本各机构提交的科技创新战略规划进行评估，并提出具体研究方向建议。

---

① 1959年，日本成立了更高度集权的科学技术中央机构即"科学技术会议"，2001年，日本在此基础上成立"综合科学技术会议"（CSTP），2014年进一步改革为"综合科学技术创新会议"（CSTI）。

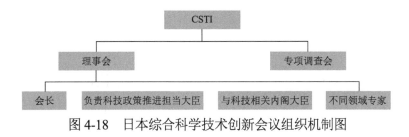

图 4-18　日本综合科学技术创新会议组织机制图

4.8.1.2　主要职能

根据《内阁府设置法部分修正法律》，日本综合科学技术创新会议被赋予五大目标任务，重点强化各政府部门在政策制定、预算编制、考核评估等过程中的协同。①主导科技创新政策制定，发挥国家战略规划引导作用。②统筹科技创新预算编制，加强资源有效配置。③重点推进战略性和变革性项目，打造有影响力的科技创新体系。④强化项目和机构评价，确保科技创新活动高效开展。⑤积极开展科学技术外交，构筑全球互动开放网络。

4.8.2　典型案例——日本第四期《科学技术基本计划》优先发展领域遴选

日本每 5 年制定一期《科学技术基本计划》（后修订为《科学技术创新基本计划》，以下简称基本计划），截至 2023 年，日本已发布六期，用于指导日本的科技发展，类似于我国的五年科技规划。日本的领域性科技发展规划、部门性科技发展规划、各类竞争性科技计划的制定、重点领域的遴选均以此为参考，是日本发展科技事业的最高指导。其中，重点领域的遴选属于基本计划制定工作的重要一环，日本基本计划重点研发领域的遴选工作伴随着基本计划的制定而展开，其中"基本政策专门调查会"发挥了重要作用。领域遴选既有科技自身发展的导向，也有经济社会的问题导向，不仅要兼顾知识发现、占领科技前沿的需求，也要满足经济社会发展对科技事业的需求。

4.8.2.1　日本《科学技术基本计划》制定过程

日本综合科学技术创新会议负责根据 1995 年颁布的《科学技术基本法》制定以五年为周期连续颁布的基本计划。日本综合科学技术创新会议负责的基本计划具体制定流程如下。

①提出动议。在下一个基本计划正式开展的前 2 年，日本综合科学技术创

新会议向首相提议，组建由日本综合科学技术创新会议的领域专家委员和其他外部专家（含大学校长、企业 CEO、科研机构负责人、律师、大学知名教授）组成基本计划专门调查会，启动新一期基本计划的制定工作。

②咨询和审议。日本综合科学技术创新会议在实际制定计划前，通过多种方式总结评价以往科技计划和政策的效果，包括委托日本科学技术政策研究所和相关咨询机构（三菱综合研究所、日本综合研究所等）进行科学前瞻和技术预见，以及对之前基本计划进行评估，并参考文部科学省科技统计调查数据。同时，基本政策专门调查会组织相关会议，征询对重大挑战和科技战略的意见。

③遴选和制定。主要由基本政策专门调查会负责计划的讨论和起草，并向首相和日本综合科学技术创新会议汇报成果。

④计划细化。各省厅根据基本计划中的不同领域，邀请各方面专家参加科技计划评价研讨会，经过研究、咨询、审议后制定本部门的科技计划。

⑤计划颁布。在征集各方意见形成共识后，由日本综合科学技术创新会议在其官网正式发布正式的基本计划文本。

4.8.2.2　日本第四期《科学技术基本计划》重点研发领域遴选

日本的第五期《科学技术基本计划》淡化了科研方向的领域分布，而是以任务导向的方式部署未来发展规划，即以"解决××方面的问题"的形式作出规划。因此，选取第四期《科学技术基本计划》为调研样本，分析《科学技术基本计划》重点研发领域的遴选过程和方法。在第四期《科学技术基本计划》中，日本确立了"实现震后恢复与重建、推动绿色技术创新、推动绿色生命科学技术、加强科技创新体制改革"的重要任务，其中在"绿色技术"和"绿色生命科学技术"中提出重点发展"能源、新一代社会基础设施、健康医疗、地区资源"。这四个领域不仅指导了第四期《科学技术基本计划》实施的 5 年（2011～2015 年），而且目前正在实施的若干重要的竞争性科技计划——战略创新计划（SIP）、先驱开发计划、CREST 计划等的领域布局也以此为准。基本计划的制定过程具体如下（图 4-19）。

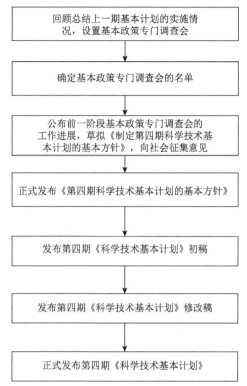

图 4-19　日本第四期科技基本计划科技优先发展领域遴选流程

（1）2009 年 6 月：回顾总结上一期基本计划的实施情况，设置基本政策专门调查会。在日本综合科学技术会议第 82 回例会上，日本综合科学技术会议发布了总结上一期基本计划实施情况的《第三期科学技术基本计划（2006—2010）回顾报告》，分析了该时期各项战略、政策的落实情况及存在的问题。同时，设置基本政策专门调查会，负责新一期基本计划的制定工作。需要指出的是，《第三期科学技术基本计划（2006—2010）回顾报告》由该时期的基本政策专门调查会负责起草，交由日本综合科学技术会议通过后正式发布。

（2）2009 年 9 月：确定基本政策专门调查会的名单。在日本综合科学技术会议第 84 回例会上，"基本政策专门调查会"由两类人组成①：一是日本综合科学技术会议的 8 名专家议员，包括东京工业大学校长相泽益男、京都大学医学部负责人本庶佑、新日本制铁株式会社副社长奥村直树、亚洲经济研究所所长白石隆、庆应大学教授今荣东洋子、一桥大学教授青木玲子、索尼公司 CEO

---

① 総合科学技術会議（第 84 回）議事次第：基本政策専門調査会について、http://www8.cao.go.jp/cstp/siryo/haihu84/siryo1sanko.pdf [2023-12-29].

中钵良治、日本学术会议会长金泽一郎；二是从相关领域聘请的 29 名专家，其中来自大学的校长和专家 13 人、来自公立和私立科研机构的 8 名，来自企业的 6 人，环境领域记者 1 名、律师 1 名。

（3）2010 年 4 月：公布前一阶段基本政策专门调查会的工作进展，草拟《制定第四期科学技术基本计划的基本方针》，向社会征集意见。在日本综合科学技术会议第 90 回例会上，基本政策专门调查会将发布前一阶段的工作进展报告①，包括制定基本计划的各个时间节点、强化基础研究的方法、强化科技外交的方法等。同时，草拟并发布《制定第四期科学技术基本计划的基本方针》，向社会各界征集意见。发布后，有不同意见的人可公开提出修改建议，如环境省负责人就对该基本方针在环保技术方面的阐释提出了修改要求。需要指出的是，此时基本计划的提纲和结构基本形成，提出了几个"重点任务"，如建设健康大国和环境能源大国，但尚未涉及前文提到的四个领域。

（4）2010 年 7 月：正式发布《第四期科学技术基本计划的基本方针》。在日本综合科学技术会议第 91 回例会上，正式发布《第四期科学技术基本计划的基本方针》②，其不仅在前期征集各方意见的基础上进行了完善，而且对具体的研发领域进行了阐述，明确提出了"海洋、核能、信息通信、宇宙航天、能源、健康医疗"等领域。需要特别指出的是，受 2011 年 3·11 地震的影响，第四期《科学技术基本计划》遴选重点领域的过程发生了变化。此时规划的重点领域更多侧重于知识发现、占领国际科技前沿。而后来为了快速实现震后复兴，才逐渐将重点研发领域向"社会基础设施、地区资源"方面转化。

（5）2010 年 10 月：发布第四期《科学技术基本计划》初稿。在日本综合科学技术会议第 93 回例会上，发布"基本政策专门调查会"第 10 次例会后形成的第四期《科学技术基本计划》初稿③。此时的基本计划在重申海洋、核能、宇宙航天领域对占领科技前沿重要性的基础上，重点强调"能源、健康医疗"。

（6）2010 年 11 月：发布第四期《科学技术基本计划》修改稿。在日本综

---

① 総合科学技術会議（第 90 回）議事次第：第 4 期科学技術基本計画策定に向けた検討状況、http://www8.cao.go.jp/cstp/siryo/haihu90/siryo3-1.pdf [2023-12-29].
② 総合科学技術会議（第 91 回）議事次第：科学技術基本政策策定の基本方針、http://www8.cao.go.jp/cstp/siryo/haihu91/siryo3-2. pdf [2023-12-29].
③ 総合科学技術会議（第 93 回）議事次第：科学技術に関する基本政策について（案）（第 10 回基本政策専門調査会配付版）、http://www8.cao.go.jp/cstp/siryo/haihu93/siryo1-2.pdf [2023-12-29].

合科学技术会议第 94 回例会上，发布"基本政策专门调查会"第 11 次例会后形成的第四期《科学技术基本计划》修改稿①并征询意见，关于领域的阐释基本未变。

（7）2010 年 12 月：正式发布第四期《科学技术基本计划》。在日本综合科学技术会议第 95 回例会上，第四期《科学技术基本计划》正式发布②，关于领域的阐述与上次修改稿同。

（8）2011 年 7 月：受 3·11 地震的影响，修改第四期《科学技术基本计划》并发布意见征集稿。在日本综合科学技术会议第 98 回例会上，由于 3·11 地震对日本的经济社会发展、科技发展重点产生了重大影响，日本发布修改后的第四期《科学技术基本计划》③，征集意见。其中，特别提出运用科技力量实现日本的震后复兴，推动灾后重建。计划重申了海洋、核能、宇宙航天领域对占领科技前沿的重要性，并且强调了"新一代社会基础设施、地区资源、灾后重建技术"。于是，第四期《科学技术基本计划》强调了重点领域基本确定，之后再未改变。

（9）2011 年 8 月：发布现行的第四期《科学技术基本计划》。在日本综合科学技术会议第 99 回例会上，正式发布修改后的第四期《科学技术基本计划》，关于领域的阐释与之前第 98 回例会的修改稿相同。

4.8.2.3　基本政策专门调查会的议事过程

根据上文所述，在基本计划制定的过程中，基本政策专门调查会发挥了重要作用。因此，下文对第四期《科学技术基本计划》制定中基本政策专门调查会的议事过程进行具体阐述。

（1）2009 年 10 月：讨论基本政策专门调查会的运营规则，讨论第四期基本计划的框架。

（2）2009 年 11 月：讨论制定第四期基本计划的基本理念，设置研究开发

---

① 総合科学技術会議（第 94 回）議事次第：科学技術に関する基本政策について（案）（第 11 回基本政策専門調査会配付版）、http://www8.cao.go.jp/cstp/siryo/haihu94/siryo2-2.pdf.[2023-12-29].

② 総合科学技術会議（第 95 回）議事次第：諮問第 11 号「科学技術に関する基本政策について」に対する答申（案）、http://www8.cao.go.jp/cstp/siryo/haihu95/siryo1.pdf[2023-12-29].

③ 総合科学技術会議（第 98 回）議事次第：答申「科学技術に関する基本政策について」見直し案、http://www8.cao.go.jp/cstp/siryo/haihu98/siryo1-2.pdf[2023-12-29].

体系专家讨论组（专门就日本研发体系的现状、问题、改革建议进行讨论，其成员从基本政策专门调查会中抽调）。

（3）2009年12月：探讨根据多样的需求如何实施科技改革。

（4）2010年1月：探讨如何综合推进科技创新，探讨如何长期推动基础研究的发展，探讨如何在大学院（类似于中国的研究院所，培养硕博士）加强科技人才的培养。

（5）2010年2月：探讨如何确保科技创新的各种资源，探讨基本计划的概要。

（6）2010年3月：修改形成基本计划的概要版。

（7）2010年4月：探讨制定基本计划的基本方针草案。

（8）2010年5月：修改形成制定基本计划的基本方针。

（9）2010年6月：研究开发体系专家讨论组形成报告，再次修改制定基本计划的基本方针。

（10）2010年10月：再次修改制定基本计划的基本方针并形成基本计划的初稿。

（11）2010年11月：修改基本计划初稿，回应社会公众的疑问和关切。

回顾总结上一期基本计划的实施情况，设置基本政策专门调查会回顾总结上一期基本计划的实施情况。

4.9　德国科学基金会科技优先发展领域遴选

4.9.1　德国科学基金会

德国科学基金会（Deutsche Forschungsgemeinschaft，DFG）是德国一家独立的全国性科学资助机构，负责资助德国高等院校和公共性研究机构的科学研究，总部位于波恩。德国科学基金会旨在为研究项目提供经费支持、向议会和行政机构提供政策建议、资助年轻研究者的成长与教育、资助研究人员的国际合作，以及支持学科交叉与交流（王珏等，2012）。德国科学基金会采取会员制的结构，会员包括69所研究型高校、16所非高校科研机构、8家科学院，以及 3 家科研协会（图 4-20）（发达国家科技计划管理机制研究课题组，2016）。
会员大会是德国科学基金会的最高权力机构，由每个会员机构委派的代表组成，
负责确定德国科学基金会的工作方针，选举主席、副主席和评议会成员。

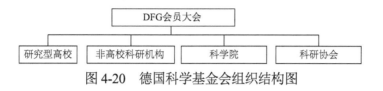

图 4-20　德国科学基金会组织结构图

4.9.2　典型案例——德国科学基金会 2018 年科技优先发展领域计划

4.9.2.1　德国科学基金会科技优先发展领域计划的主旨

德国科学基金会公开征集旨在实现以下目标的科技优先发展领域计划提
案。①在主题和/或方法方面具有高度原创性和质量的计划，如科技优先发展
领域计划涉及当前最重要的主题（新兴领域）；科技优先发展领域计划探索新的
甚至是大胆的方法；建立了可能影响其他研究领域的新研究路径；科技优先发
展领域计划可能对科学领域产生持久影响，也可能在国际层面产生影响；科技
优先发展领域计划不会用于已经很好建立并且从其他来源获得足够资金的研究
领域。②通过跨学科合作增加价值。③通过不同地点之间的合作增加价值。

4.9.2.2　德国科学基金会科技优先发展领域计划制定过程

1）科技优先发展领域计划提案的形成

所有在德国或在国外的德国研究机构工作且完成培训（通常具有博士学位）
的研究人员都有资格参与筹建科技优先发展领域计划的提案。从参与者群体中，
形成一个跨学科的计划委员会（最多 5 个人），委员会成员具有相关主题领域
的专业背景。计划委员会确定哪个成员将负责协调提案的准备（即协调员），
协调员可以举行圆桌会议讨论提案①。

参议院每年根据计划委员会成员在会议上提出的建议，决定每年一次新的
科技优先发展领域计划。在参议院决定建立科技优先发展领域计划之后，协调
员将为整个计划发挥指导作用，以确保实现计划的目标。在审查个别项目提案

---

① http://www.dfg.de/formulare/50_05/50_05_en.pdf[2023-12-29].

时，协调员是审查小组成员的负责联系人。在筹资阶段，协调员以咨询身份支持各个项目负责人。协调员在每次项目更新审查时提交关于科技优先发展领域计划总体发展的进度报告，并负责提交最终报告。协调员有权从项目负责人处获得所需的信息。

2）科技优先发展领域计划提案的要求

德国科学基金会科技优先发展领域计划的提案需符合以下要求：①这些科学问题在题目和/或所用方法方面都是原创的；②有组织跨学科和多地点合作/网络的概念；③计划中的研究活动在国际研究系统中是网络化的；④明确区分优先方案和与该专题直接有关的其他正在进行的方案，如合作研究中心、研究单位、由其他供资组织经办的方案。

3）科技优先发展领域计划提案的评审

参议院每年根据计划委员会成员在会议上提出的建议，决定每年一次新的科技优先发展领域计划。特设审查委员会为参议院的决定提供建议，这一过程汇集了不同审查委员会的成员，他们评估相应的提案，并向参议院提出关于应该建立哪些提案的建议。特设审查委员会的会议通常由参议院的一名成员主持，成员来自参议院相关的主题领域。对于那些被要求发表评论的人，需要准备一份简短的书面陈述，可以在会议召开前将其带到会议上或通过电子邮件发送给德国科学基金会总部[①]。

德国科学基金会科技优先发展领域计划遴选一般流程见图 4-21。

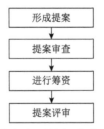

图 4-21　德国科学基金会科技优先发展领域计划遴选一般流程

特设审查委员会成员需要进行利益冲突审查，主要包含：①检查审查委

---

① http://www.dfg.de/formulare/10_212/10_212_en.pdf[2023-12-29].

员会成员是否与计划委员会成员有任何学术/科学或其他联系;②若审查委员会成员和计划委员会成员属于同一部门,这本身并不会产生偏见,但如果该部门被划分为多个机构,而审查委员会成员和计划委员会成员属于同一个机构,则会出现偏见;③若审查委员会成员有可能正在考虑在建议的科技优先发展领域计划中提交自己的提案,需要立即通知德国科学基金会这一潜在的利益冲突。

4.9.2.3　德国科学基金会科技优先发展领域计划

德国科学基金会批准 2019 年设立 14 个新的科技优先发展领域计划[1],这些科技优先发展领域计划旨在解决与专题研究或新出现的研究领域有关的基本科学问题。新批准的科技优先发展领域计划涵盖所有学科,从人文和社会科学、生命科学和自然科学到工程科学,主题从数字图像,到发育和疾病中的空间基因组结构、神经元系统的进化优化,到钙钛矿半导体和性能控制金属成形工艺。按照科学学科分类的新的科技优先发展领域计划如下。①人文社会科学:计算文学研究;数字图像;前现代社会的复原力和融合。②生命科学:发育与疾病中的空间基因组结构;神经元系统的进化优化;功能相分离的分子机制;放射学(下一代生物医学成像)。③自然科学:柔性、自适应和可切换表面的动态润湿;细胞-生物反应器相互作用的新工艺及多尺度分析、建模与设计;钙钛矿半导体(从基本特性到器件)。④工程科学:自适应模块化结构制造的通量(快速、经济和可变);性能控制金属成形工艺;协作多级多稳态微执行器系统;普适计算环境下的可伸缩交互范例。

4.10　本 章 小 结

本章主要描述国外相关组织或项目的科技优先发展领域遴选的国际实践案例(表4-2)。其中,具体案例中执行科技优先发展领域遴选的机构分别为美

---

① http://www.dfg.de/en/service/press/press_releases/2018/press_release_no_07/index.html[2023-12-29].

表 4-2 国外科技优先发展领域遴选实践总结

国家	主体	案例	模式	参与者	方法	依据	流程
美国	美国国家研究理事会(NRC)	海洋科学优先发展领域遴选	自下而上	NSF相关资助计划的管理人员、相关专家、联邦相关和相关项目人员	专家访谈法、层次分析法等	潜在变革性；社会影响力；成熟度；潜在合作伙伴	1. 收集意见阶段：通过召开开放式现场座谈会议、召开开放式网络虚拟会议、梳理相关报告（过去10年美国联邦机构、海洋科学界、NSF、NRC和相关国际组织发表的相关报告）、收集个体意见（听取NSF负责资助计划的管理人员、其他联邦机构和项目相关人员上提供的相关意见）等方式获得相关建议和意见。 2. 意见整理阶段：对第一阶段收集到的意见首先进行系统梳理，以涵盖海洋科学多个方面的统一主题。然后将收集到的所有有意义的跨学科海洋科学研究问题，首先明确4个共同体通过邮件等方式提供的意见。根据收集到的各种这些意见将意见归为4个主题的统一主题，最后依据主题箱形成36个主题，将海洋优先资助计划制定的36个问题按相似性归为约20个不同的重要问题。 3. 问题遴选阶段：根据从资助计划形成的36个主题多样的研究方法（已发表和已验证的研究方法），将第二阶段形成的36个问题按相似性归为约20个不同的重要问题。 4. 排序决策阶段：NRC采用层次分析将第三阶段的20个问题精简为8个问题，其中遴选准则的重要性主要根据NSF项目管理人员、过去与海洋科学研究优先发展领域相关的NRC报告和多个机构的联合报告。
	美国国家科学基金会(NSF)	2018~2022年战略规划	自下而上与自上而下结合	学术界、工业界、政府和公共部门的代表等	专家访谈法、专家研讨讨论、客户满意度调查、网络调查法等	优先发展领域是否进一步推进了NSF战略规划目标；投资水平等相一致、风险和不等相关性；是否具备相关时间影响；是否具备网络环境；是否有助于增加参与研究的多样性；是否为年轻学者提供环境机会；是否有助于美国人口的多样性；是否为国家和国际合作关系创造机会等	1. 收集专家意见：邀请基金会内外人士涌现有战略规划发表意见，包括NSF工作人员、国家咨询委员会、外部咨询委员会，并公开邀请专业团体和组织提供意见。 2. 收集网络意见：通过在线网站收集公众讨论。 3. 制定草案：在收集意见的基础上，NSF制定最新战略规划的框架草案，并在国家科学委员会会议上讨论了战略规划。 4. 公布摘要：管理预算办公室公布初步的战略规划。 5. 提交审阅：对修订后的战略规划收集意见，咨询委员会、国家科学委员会和NSF工作人员提出意见后，将战略规划提交至管理预算办公室。 6. 国会反馈：在收集到管理预算办公室关于战略规划的反馈意见后，战略规划进行修改，并将战略规划草案提交至国会，并收集反馈意见。 7. 国家科学委员会反馈：国家科学委员会提供反馈，NSF对战略规划进行相应修改。 8. 提交国会：向国会提交战略规划的最终版本

续表

国家	主体	案例	模式	参与者	方法	依据	流程
美国	美国国家科学技术委员会（NSTC）	材料基因组计划战略规划	自下而上与自上而下结合	来自学术界、国家联邦实验室以及工业界的利益相关者等	专家访谈法、利益相关分析等	改进材料科学发展的三个基本要素（计算、实验和数据工具；扩展原有方法；提供创新协作环境）	1. 全面评估：全面评估 MGI 实施三年来所取得的里程碑式进展。 2. 确定挑战：确定为实现 MGI 愿景所需应对的四大战略挑战（即横亘在材料科学工程与 MGI 对未来设想之间的障碍）。 3. 征询意见：征询参与 MGI 各联邦机构以及更广泛的学术界和产业界材料科学与工程社同体的意见
英国	英国研究理事会（RCUK）	数字经济主题计划	自下而上	英国工程和物理科学研究理事会等	专家研讨法、平衡能力分析法等	如何使计划取得的进步以取以所有人都能获取的方式发展；如何在尊重各主题文化和实现项目的同时实现文化的协作；如何保障安全和隐私、计划项目的实施如何为所有人创造机会；如何保障计划的可持续性、确保计划下进行更新；如何与社会基础建设施筑切联系	1. 前期调研：在制定数字经济计划前期，召开数字经济计划调研讨会，并在研讨会前期对涉及数字经济计划的研究领域进行调研，遴选出英国具有优势的研究领域。 2. 问题遴选：分析和筛选上述领域，进一步对未来面临的问题与挑战展开讨论，提出 6 大研究问题。 3. 确定优先发展领域。基于 6 大研究领域，首先搜集各研究领域相关的证据和信息，其次确定宏观研究方向，优先发展领域要与英国整体发展相契合；然后考虑研究在现有证据基础的背景下进行更新；最后将已搜集证据和信息进行分析和整合，智能化的形成未来未资助方向
澳大利亚	澳大利亚研究理事会（ARC）	BAA 创源行动计划	自下而上	学术界、商业、工业和政府部门等	构建优先发展领域遴选二维图	研究卓越性；潜在收益性	ARC 基于研究卓越性和潜在收益性给出了遴选优先发展领域的二维图，该图将优先发展领域分为以下四种类型： 1. 具有高研究卓越性和高潜在收益性的领域。这种研究领域的特点是既具有研究的卓越性，又可以产生巨大的利益，此类研究领域必须成为持续投资的重点，即成为优先发展领域。 2. 具有高研究卓越性和低潜在收益性的领域。这种研究领域的特点是具有较高的研究卓越性，但是其实际收益较低。但是高研究卓越性也可成为优先发展领域，需要额外的投资才能获得潜在的收益。 3. 具有低研究卓越性和高潜在收益性的领域。这种研究领域具有较高的潜在收益，但其卓越程度较低，这类研究潜力巨大，但收益潜在收益低，旨在将这些研究领域转移到优势收益较高的研究领域。 4. 具有低研究卓越性和低潜在收益性的领域。这种研究领域不能成为优先发展领域，即具有较低研究卓越性和低潜在的投资，旨在将这些研究领域成为重要需要的领域。 ARC 将投资的重点放在第一类领域，此类的研究成为第一类领域，对于第二类和第三类领域研究的投资，对于第二类第三类研究领域也被认为是存在机会或会需要的领域

续表

国家	主体	案例	模式	参与者	方法	依据	流程
澳大利亚	澳大利亚联邦科工组织（CSIRO）	战略规划制定过程	自下而上	利益相关者等	利益相关分析、专家访谈法等	加强对科研研的投资；进行世界一流的科研；合作产生社会影响；服务产业创新；建立研究院能力和承诺；确保提供增长的财政基金	1. 自我评估：CSIRO通过对过去绩效和现在优势的评估来确定其定位，从而识别可能同的机会领域或者需要提升行的领域。 2. 广泛调研：在清楚自身定位后，对国家和全球相关的意见，由董事会提出指导方向，并且明确相关工作人员和利益相关者的意见、愿望及未来机会。 3. 深入分析：充分考虑主要国家／全球的趋势，挑战和机遇，科学影响，并深入领域高度前瞻性的机会，注重全球协作，科研规模与质量，分析各专家的咨询意见。 4. 制定战略：基于上述研究过程，制定CSIRO的战略举措
日本	日本综合科学技术会议（CSTP）	日本第四期科技基本计划	自下而上与自上而下结合	大学、公立和私立科研机构、企业、记者、律师代表等	专家研讨法等	既有科技自身发展的导向，也有经济社会的问题导向，不仅要兼顾知识发现、占领科技前沿的需求，而且也要满足经济社会发展对科技事业的需求	1. 回顾总结上期计划的实施情况，设置基本政策专门调查会，负责制定新一期计划。 2. 确定基本政策专门调查会的名单。 3. 公布前一阶段基本政策专门调查会的工作进展，向社会征集意见。 4. 正式发布《第四期科学技术基本计划的基本方针》，该方针在前期征集的各方意见的基础上进行了完善，并对具体的研发领域进行了阐述，明确提出了"海洋、核能、信息通信、宇宙航天、能源、健康医疗"等领域。 5. 发布第四期《科学技术基本计划》初稿，这一阶段的重点是对领域在重申前面海洋、核能、宇宙航天领域前沿重要性的基础上，关于领域的阐释基本未变。 6. 发布第四期《科学技术基本计划》修改稿，并征询意见，关于领域的阐述也与上次修改稿相同。 7. 正式发布第四期《科学技术基本计划》并发布意见征集稿，其中特别提出运用科技力量实现日本的震后复兴，推动灾情重建。 8. 受3·11地震的影响，修改第四期《科学技术基本计划》的震后复兴。 9. 正式发布现行的第四期《科学技术基本计划》
欧盟	欧盟委员会（EC）	欧盟"地平线2020"计划	自下而上	领域专家、成员国代表、利益相关者、相关专家等	情景分析、利益相关分析、专家研讨等	有效性、效率、协同性	1. 观点形成：基于对前期计划执行情况的评估和专家意见形成基本的观点。 2. 广泛研讨：经过相关的前瞻会议，利益相关者及欧盟科研机构的广泛的咨询研讨和主题研讨，形成战略咨询文件。 3. 综合分析：战略咨询文件经过欧盟委员会相关总署、领域专家相关者，经过问题分析、情景分析，提出规划要解决的挑战、目标，并初步设计主题。 4. 提案拟定：在前期讨论的基础上，提出最终的规划方案，即"地平线2020"提案

续表

国家	主体	案例	模式	参与者	方法	依据	流程
加拿大	加拿大科技主管部门	加拿大健康卫生优先发展领域遴选	自下而上和自上而下结合	利益相关者、公众	利益相关者分析、专家研讨等	由工作小组或利益相关者确定标准	1. 流程制定：分析优先发展领域遴选中各步骤的需求、可能存在的障碍得或挑战。 2. 利益相关者识别、分析和参与：确保使合适的人参与到优先发展领域的制定过程中，并在优先发展领域遴选中平衡来自不同利益团体的利益关系。 3. 知识管理：确保所有的利益相关者都具有相同的信息。 4. 解析研讨会：在进行优先发展领域遴选多次的研讨会，这些研讨会主要由工作小组或利益相关负责组成的小组来进行，并将这些利益相关者聚集在一起，可以分不同层面的利益相关者聚集在一起，可以分优先发展领域遴选的标准，确定标准和方法不同可能是反复多复杂多次进行讨论的。 5. 将知识转化成具体的研究问题：尽管有一些研讨会会讨论一些具体的研究问题，但是更多的研讨会将会重点表焦在确定研究重心，研究主题和研究选择上，然后将研究主题转化为具体的研究问题。 6. 发布和生效：通过研讨会和工作小组确定的研究问题最终排序将提交更大范围的利益相关者审核，工作小组需要向所有利益相关者提交可能必要的信息，并召开利益相关者会议，听取意见和建议，最终确定优先发展领域的顺序，进行投票之后给予发布，同时生效。 7. 修订机制：在优先发展领域发布后，仍需有相应的修订机制，以解决处解或结构上的不一致问题。该修订机制通过加入新的信息，将问题进一步深化或修改错误，改善决策的质量，并且解决其中的关键问题
德国	德国科学基金会（DFG）	德国科学基金会2018年科技发展领域优先发展领域计划	自下而上	在德国或在国外研究机构工作且完成培训（通常有博士学位）的研究人员都有资格参与	利益相关分析等	在意愿目和/或应用方法方面都是原创的；有组织跨学科和多地点合作的网络的概念：计划中的研究活动在国际研究系统中是网络化的	1. 形成计划委员会。所有在德国或在国外研究机构工作且完成培训（通常有博士学位）的研究人员都有资格参与筹建优先建议的提案。从参与者相关主群体中，形成跨学科的专业背景。 2. 召开研讨会，确定优先计划。计划委员会确定哪个成员将负责协调提案。参议院计划委员会成员将提出建议，决定每年一次新的优先计划。 3. 实施优先计划。在参议院决定优先计划之后，协调员将为整个计划发挥指导作用，以确保实现计划的目标

国国家研究理事会、欧盟委员会、澳大利亚研究理事会、英国研究理事会、日本综合科学技术会议、德国科学基金会，本章节在对这些机构进行简要介绍的基础上，重点描述了其遴选科技优先发展领域的组织流程。

第5章 科技优先发展领域遴选的国内实践

5.1 国家自然科学基金委员会优先发展领域遴选

5.1.1 国家自然科学基金委员会

国家自然科学基金委员会(简称基金委)成立于1986年2月,是管理国家自然科学基金的事业单位,目前由科技部管理。基金委是我国开展科技优先发展领域遴选的重要机构之一,下设数学物理科学部、化学科学部、生命科学部、地球科学部、工程与材料科学部、信息科学部、管理科学部、医学科学部和交叉科学部。

自1986年成立以来,基金委长期持续支持基础研究,推动了我国科技自主创新能力的不断发展,并取得了一系列进展和成效。例如,从"九五"发展规划开始,基金委瞄准世界发展前沿,主动把握发展机遇,首次开展优先发展领域遴选和学科发展规划,为推动我国科技自主创新能力的跨越式发展作出重要贡献。随后,基金委每五年开展一次遴选,聚焦于重点重大项目的优先发展领域遴选,主要包括两种类型:一是各学部内部的优先发展领域遴选,二是跨多个学部的优先发展领域遴选(主要指由一个学部牵头、多个部门参与的遴选)。

5.1.2 典型案例1:基金委"九五""十五"优先发展领域遴选①

冷战时期,西方国家政府为了两大阵营的军事较量和国防需要,投入了大

---

① 研究组根据多次专家访谈内容整理而成。

量的研发预算经费。冷战结束以后，西方国家政府无须再对国防方面投太多经费，转而将研发经费主要用于经济、社会的发展，但对于采取何种方式选出对经济、社会发展具有重大作用的科技领域，西方国家并没有太多的经验，因此科技优先发展领域遴选逐渐引起了西方国家的广泛重视。国家自然科学基金委自成立以来，一直注重与国外发达国家的相互交流，尤其是政策方面的交流，因此敏锐地捕捉到了西方国家重视科技优先发展领域遴选这一发展趋势，指出了我国开展科技优先发展领域遴选的必要性和紧迫性。此外，在20世纪90年代初，我国对于基础研究经费的投入力度较小，如何筹集经费是各学科发展面临的重要问题。因此，在制定"九五"发展规划时，基金委开始关注各研究领域的资助优先次序。由于基金委各科学部与相关科学家之间的关系较为密切，加之各科学部自身发展的需要，基金委主要依托各科学部开展优先发展领域遴选工作。

在制定"九五"发展规划前期，基金委的优先发展领域遴选工作仍处于起步阶段，尚存在一定阻力，因此基金委采取了各科学部自行上报的方式确定优先发展领域。随着优先发展领域遴选逐渐引起重视，基金委又先后召开了六个研讨会确定优先发展领域，但各学科交叉的程度不够，涉及的领域也不够宽泛。总体来看，基金委"九五"发展规划的优先发展领域涉及范围相对较窄，且优先发展领域数量众多（50个左右）。

在制定"十五"发展规划时，为确定优先发展领域，基金委建立了一套完整的组织体系（如成立"十五"优先发展领域遴选工作小组，其中包括各个科学部成员、工作组成员、基金委工作人员等），两年期间在九华山庄召开了20多次论坛研讨会（即九华论坛），采用头脑风暴法确定了"十五"优先发展领域。在九华论坛研讨会上，通过反复研讨和迭代达成总体共识，具体如下。

①论坛前期准备。九华论坛的研讨分为四个小组分别进行优先发展领域遴选，要求每个小组由一个科学部牵头，四个科学部参与，且各科学部需提供参加会议的专家名单，若没有专家则不可在该领域挂名。此外，在开会前各小组需要做大量的准备工作，包括上报论坛主席和专家组信息，准备拟研讨的优先发展领域，且不可过于集中，需要尽量分散。

②论坛研讨流程。九华论坛研讨会为期两天，第一天为大会报告，第二天

上午为四个小组分别讨论，并要求各小组讨论后分别形成共识，第二天下午四个小组向大会分别汇报初步讨论结果，再在大会上进行深入研讨，最终选出"十五"优先发展领域及相应方向。

整体来看，九华论坛研讨会是"十五"优先发展领域确定的重要论证环节，先由各个科学部上报值得研讨的重要问题，然后由各科学部专家共同进行选择。由于"十五"优先发展领域体现了较强的交叉性和综合性，且制定过程的组织方式较为规范，因此"十五"优先发展领域紧紧把握了对社会经济发展具有重要影响的关键紧迫性问题（如水资源问题等），并在科学界产生了较大影响（刘慧晖等，2019）。

5.1.3　典型案例 2：基金委"十一五""十二五""十三五""十四五"优先发展领域遴选①

在制定"十一五"发展规划时，基金委有意再开展一轮新的研讨会。但由于当时我国正处于制定中长期规划阶段，政府已经组织了大量专家召开论证会，基金委若再邀请这些专家召开研讨会，效果可能不太乐观，且较难超越"十五"优先发展领域的论证报告。因此，"十一五"优先发展领域遴选未召开大规模的研讨会，由各科学部分别邀请专家讨论，通过自行上报的方式确定优先发展领域。"十二五""十三五"优先发展领域遴选也均采用自下而上的方式制定优先发展领域，没有大规模召开研讨会。

2019 年开始编制规划时，"十四五"科技优先发展领域遴选工作开展，由各科学部分别发布项目指南，分别从各自渠道申请。经广泛征求科学家和相关部门意见建议，组织召开各级专家咨询委员会、双清论坛，开展深入研讨，凝练形成科技优先发展领域。以信息科学部为例，信息科学部组织召开"十四五"优先发展领域遴选工作发展规划战略研讨会，从整体出发，从顶层阐述信息科学在国内外对科学、经济、国防等方面的推动作用，对发展趋势有合理预判，面向发展前沿进行布局。规划应注重信息科学的基础性、前瞻性、带动性、延续性，能对未来 5～10 年，甚至 15 年的发展起指导作用。规划编写专家展开分

---

① 研究组根据多次专家访谈内容整理而成。

组讨论，对学科优先发展领域、交叉领域进行凝练，确定了包括 6 个交叉学科领域在内的 30 个优先发展领域，10 个国际合作优先领域，并对后续的规划工作进行了部署①。

"十一五""十二五""十三五""十四五"这 4 个发展规划的优先发展领域均从各个学部的优先发展领域和交叉学科的优先发展领域两个维度进行遴选。其中，"十四五"优先发展领域没有区分各学部和交叉学科的方向，而是统一列举，但强调了开展多学科交叉研究和综合性研究，具体如下。

5.1.3.1　"十一五"科技优先发展领域

"十一五"期间的优先发展领域分为两个部分，一是按 7 个科学部分布的优先发展领域；二是为了促进学科交叉，遴选出以下 13 个综合交叉的优先发展领域，加快综合性研究领域的发展，以多种方式促进这些领域整体能力的提升和关键问题的突破（表 5-1）②。

表 5-1　基金委"十一五"优先发展领域

一、数理科学部优先发展领域	7. 绿色化学与环境化学中的关键科学问题
1. 数学重要分支领域及相互渗透与交叉	8. 材料科学中的关键化学问题
2. 离散和随机问题的数学理论	9. 能源和资源中的基本化学问题
3. 超常环境和复杂介质的力学行为与多场耦合效应	10. 化学工程中的关键科学问题
4. 微纳米力学与跨尺度关联	**三、生命科学部优先发展领域**
5. 重大工程与装备中的关键力学问题	1. 重要组织器官发育的细胞与分子基础
6. 宇宙结构的形成与演化	2. 基因和基因组的结构和功能
7. 恒星的形成、演化与太阳活动	3. 蛋白质结构—功能关系
8. 量子受限和电子关联效应的研究	4. 细胞信号转导的网络调控及效应
9. 波的时域、频域、空间域相干控制及其应用基础	5. 细胞运动的分子机制
10. 强子物理和 TeV 物理	6. 膜系统及物质跨膜运输
11. 极端条件下的核物理和核天体物理	7. 干细胞特性与定向分化
12. 核技术及其应用的新原理和新方法	8. 免疫应答和免疫耐受的细胞和分子机制
13. 极端条件下物质的行为与效应	9. 精神、心理和行为的神经生物学基础
二、化学科学部优先发展领域	10. 极端条件下的生命及其适应机制
1. 新的合成策略、概念与方法	11. 系统发育重建与分子进化
2. 化学反应过程、调控及实验与理论	12. 物种多样性与生态系统功能的关系
3. 分子聚集体的构筑、有序结构和功能	13. 生态系统的退化机制与修复基础理论
4. 复杂化学体系理论与计算方法	14. 我国重要资源生物的收集、评价及保护（存）
5. 分析测试原理和检测新技术、新方法	15. 农业资源高效利用
6. 生命体系的化学过程与功能调控	16. 农作物、林木生物灾害预防与可持续控制

---

① https://www.nsfc.gov.cn/publish/portal0/tab434/info76177.htm[2023-12-29].
② https://www.nsfc.gov.cn/nsfc/cen/fzjh10-1-5/fzjh_03_05.htm[2023-12-29].

续表

17. 重要动物疫病的病原学及致病机制	六、信息科学部优先发展领域
18. 重要水生生物养殖的关键基础问题	1. 未来通信理论与系统
19. 食品安全的重要基础研究	2. 先进信息处理
20. 重要传染病病原体的病原学及其与宿主相互作用	3. 电磁波产生、传播及应用的新理论与技术
21. 恶性肿瘤和心脑血管病等重大疾病发生发展机理	4. 新型计算系统与网络系统
22. 创新药物的关键基础问题	5. 计算机挑战性应用关键技术
23. 营养代谢及其相关疾病的发病机理	6. 人工智能与先进机器人
24. 衰老相关疾病的发生和发展机理	7. 系统感知、建模、分析与控制
25. 中医药关键科学问题	8. 半导体集成化芯片系统（SOC）基础研究
26. 生命科学研究中的新概念、新方法和新技术	9. 光信息处理显示中的关键科学问题
四、地球科学部优先发展领域	10. 先进光子学技术
1. 全球变化及其区域响应	11. 生物信息处理与生物计算
2. 地球环境与生命过程	七、管理科学部优先发展领域
3. 地球深部过程与大陆动力学	1. 管理科学的方法论与基本研究方法
4. 成矿成藏过程与机理研究	2. 运筹与运作管理相关研究
5. 陆地表层系统变化与人地相互作用机理	3. 金融工程与财务管理中的关键科学问题
6. 水循环与水资源	4. 知识管理与信息管理研究
7. 海洋资源、环境与生态系统	5. 组织行为与人力资源管理的若干基础问题
8. 天气与气候系统变化机制	6. 技术创新和创业管理
9. 日地空间环境与空间天气	7. 中国特色的企业管理理论研究
10. 地球系统模式与模拟	8. 公共管理基本理论与方法
11. 地球系统观测与信息处理的新原理、新方法和新技术	9. 区域发展与资源环境的协调管理
五、工程与材料科学部优先发展领域	10. 宏观管理与政策若干重点领域的基础研究
1. 信息功能材料	综合交叉的优先发展领域
2. 生物医用材料	1. 量子调控
3. 高性能结构材料	2. 科学与工程计算
4. 能源材料	3. 生命重要活动的定量与整合研究
5. 岩体结构的稳定性	4. 纳米科学与技术基础研究
6. 微纳米器件及微纳系统	5. 认知过程及信息处理
7. 化石能源与可再生能源综合利用	6. 新材料物理特性、制备技术与器件基础
8. 生物医学前沿中的工程科学问题	7. 全球变化与地球系统
9. 城市与重大工程减灾防灾	8. 环境与生物相互作用
10. 智能系统与结构	9. 化学与生物医学界面上的重要科学问题
11. 海洋开发利用中的基础研究及关键技术	10. 化石能源高效洁净利用和新能源探索
12. 重大装备制造科学及技术基础问题	11. 农业生物重要性状的功能基因组
13. 环境质量改善与安全保障技术基础研究	12. 社会系统与重大工程系统的危机/灾害控制
14. 资源循环利用的基础理论与关键技术	13. 现代制造理论与技术基础

5.1.3.2　"十二五"科技优先发展领域

（1）科学部优先发展领域遴选。在学科发展战略的基础上，兼顾"十一五"优先发展领域的继承性，按照以下原则遴选科学部优先发展领域：一要针对本科学部资助范围内科学发展的重要基础性问题，或学科发展的主流和重要前沿领域；二要针对能够体现国家战略发展需求或能够带动新技术发展的关键科学问题；三要针对有利于推动新兴交叉学科发展并形成新的学科生长点的基础科学问题或关键技术基础问题；四要针对我国具有较好的研究基础和人才队伍或地域和资源优势的研究领域，着眼于提升我国科研水平和国际地位。科学部优先发展领域将为制定重点项目指南提供参考。

（2）跨科学部优先发展领域遴选。以把握科学前沿和瞄准国家目标为出发点，根据我国科学技术进步和经济社会发展的需求，针对着力推动我国基础研究取得前沿突破、解决我国可持续发展特别是生态环境保护与自然资源利用中深层次关键科学问题、提升我国人口健康领域自主创新能力和促进经济社会协调发展、培育我国新兴战略产业制高点等四个方面所凝练的核心科学问题，组织科学家在综合性交叉领域开展具有战略导向性的基础研究。跨科学部优先发展领域将为制定未来五年重大项目和重大研究计划指南提供参考（表5-2）[①]。

表5-2　基金委"十二五"优先发展领域

一、数理科学部优先发展领域	5. 分析测试原理和检测新技术、新方法
1. 代数、几何与分析的交叉与融合	6. 绿色与可持续化学
2. 非线性、随机性模型和离散结构的数学理论与方法	7. 污染物多介质环境过程、效应及控制
3. 数学和数据建模、分析与计算	8. 化学与生物医学交叉研究
4. 高维/无限维非线性系统动力学与控制	9. 功能导向材料的分子设计与可控制备
5. 复杂环境下材料与结构的力学响应与破坏机理	10. 能源和资源的清洁转化与高效利用
6. 非定常复杂流动机理与控制	11. 面向节能减排的过程工程
7. 宇宙和星系的结构、起源与演化	三、生命科学部优先发展领域
8. 银河系的结构、演化及恒星的形成、晚期演化与太阳活动	1. 蛋白质的修饰、识别与调控
9. 新型光场的调控及其与物质相互作用	2. 核酸的结构与功能
10. 受限及关联量子系统的新现象和新效应	3. 干细胞自我更新与定向分化
11. 随机非均匀介质中声传播的表征、控制与作用的物理问题	4. 组织器官发育的调控
12. 深层次物质的结构、性质与相互作用	5. 免疫反应的细胞和分子机制
13. 等离子体物理及其数值模拟	6. 生物多样性及维持机制
14. 物理学实验仪器与实验方法、新技术及其应用	7. 复杂性状的遗传网络与遗传规律
15. 量子信息与未来信息器件的物理基础	8. 系统发育与分子进化
二、化学科学部优先发展领域	9. 代谢、次级代谢与调控
1. 合成化学	10. 生物种质资源的发掘与评价
2. 化学结构、分子动态学与化学催化	11. 主要农业生物重要性状遗传网络解析
3. 大分子和超分子化学	12. 主要农业植物水分、养分需求规律与高效利用机制
4. 复杂体系的理论、模拟与计算	13. 主要农业植物病虫害发生规律及防控机制
	14. 主要农业动物疾病发生规律和防控
	15. 神经细胞和环路的形成及信号处理机制

① https://www.nsfc.gov.cn/nsfc/cen/bzgh_125/09.html[2023-12-29].

续表

16. 食品贮藏与制造的生物化学基础

四、地球科学部优先发展领域

1. 行星地球环境演化与生命过程
2. 大陆形成演化与地球动力学
3. 矿产资源、化石能源的形成机制与探测理论
4. 天气、气候与大气环境变化的过程与机制
5. 全球环境变化与地球圈层相互作用
6. 人类活动对环境影响的机理
7. 陆地表层系统变化过程与机理
8. 水土资源演变与调控
9. 海洋过程及其资源和环境效应
10. 日地空间环境和空间天气
11. 地球观测与信息提取的新途径和新技术
12. 我国典型地区区域圈层相互作用与资源环境效应

五、工程与材料科学部优先发展领域

1. 光电功能材料
2. 能源材料
3. 环境材料
4. 高性能结构材料
5. 材料科学基础理论、制备与表征技术
6. 资源高效开采与环境的相互作用规律
7. 冶金与材料制备过程中的界面科学
8. 复杂机电系统的功能原理与集成科学
9. 高性能零件/构件的精密制造
10. 化石能源高效清洁利用
11. 二氧化碳捕获与封存（CCS）
12. 智能电网基础
13. 城乡建筑节能设计原理与技术体系
14. 环境变迁中的城市科学
15. 海洋工程基础理论与前沿技术
16. 工程结构的全寿命设计与控制

六、信息科学部优先发展领域

1. 新型信息材料与器件
2. 纳米级集成电路
3. 微纳光子学与光电集成
4. 毫米波、太赫兹与红外器件
5. 高分辨率探测成像
6. 强场与超强场激光技术
7. 传感网络与仿生感知基础
8. 未来无线通信理论与技术
9. 低功耗艾级超级计算、新型计算系统
10. 网络计算
11. 软件技术基础
12. 网络数据挖掘与理解
13. 信息空间安全

14. 多机器人协同与仿生机器人
15. 先进控制理论与技术
16. 复杂系统与复杂网络理论

七、管理科学部优先发展领域

1. 复杂管理系统的研究方法及方法论
2. 具有行为复杂性的管理问题
3. 后金融危机时代的风险与危机管理
4. 新兴信息技术下的服务科学
5. 全球竞争中的创新与创业管理
6. 新兴网络信息技术引发的管理科学新问题
7. 基于中国实践的管理理论
8. 中国特色的公共管理问题
9. 新农村建设中的农业与农村发展政策
10. 城镇化与区域发展管理
11. 可持续发展管理与宏观政策

八、医学科学部优先发展领域

1. 细胞代谢异常与代谢性疾病的发病机制及诊治基础研究
2. 重要心脑血管疾病的发病机制和干预的基础研究
3. 肿瘤发生、发展、转归及肿瘤预防、诊断和治疗新方法的基础研究
4. 重要的医学病原体及其与宿主的相互作用
5. 免疫调节与疾病
6. 精神疾病与心理健康
7. 营养、环境与健康关系的基础研究
8. 衰老及相关疾病
9. 创伤与修复及干细胞、细胞移植与再生医学
10. 生殖健康和妇幼保健的基础研究
11. 基于药物基因组学和系统生物学的药物基础研究
12. 中医方剂基础研究
13. 口腔颌面重要疾病及其防治的基础研究
14. 视/听觉及上呼吸道功能障碍等重要疾病防治的基础研究
15. 肾脏疾病发病机制与预防的基础研究
16. 重要器官组织纤维化的机理与防治基础研究
17. 中医理论与针灸经络基础研究

跨科学部优先发展领域

1. 细胞的结构和分子功能
2. 系统生物学
3. 生物材料及其表界面生物功能与介入医学的相关基础研究
4. 行星探测、演化过程和环境影响与地外生命研究
5. 太阳活动对日地空间天气的影响
6. 大规模高性能科学计算
7. 量子计算与量子通信
8. 多相复杂系统中的介尺度结构
9. 重大环境演化与突变的理论与方法
10. 重大灾害事件的机理与减灾
11. 全球变化与地球系统

续表

12. 多尺度海洋过程与海洋工程	19. 疼痛及镇痛机理研究
13. 人类活动的环境效应	20. 社会认知和行为的心理和神经机制
14. 变化环境下水资源高效利用	21. 网络信息技术下的组织管理变革与服务创新
15. 饮用水复合污染机制、毒理效应与控制原理	22. 复杂金融经济系统的演化及其安全管理
16. 节能、可再生能源利用与温室气体控制的交叉科学问题	23. 新功能材料和新人工结构材料
17. 影像医学、数字医学与人口健康领域先进诊疗技术基础研究	24. 可控自组装体系及其功能化
18. 神经—免疫—内分泌网络调控失衡与疾病	25. 精密测量物理与关键技术基础
	26. 空间信息网络基础

5.1.3.3　"十三五"科技优先发展领域

"十三五"期间，通过支持我国优势学科和交叉学科的重要前沿方向，以及从国家重大需求中凝练可望取得重大原始创新的研究方向，进一步提升我国主要学科的国际地位，提高科学技术满足国家重大需求的能力。各科学部遴选优先发展领域及其主要研究方向的原则是：①在重大前沿领域突出学科交叉，注重多学科协同攻关，促进主要学科在重要方向取得突破性成果，带动整个学科或多个分支学科迅速发展；②鼓励探索和综合运用新概念、新理论、新技术、新方法，为解决制约我国经济社会发展的关键科学问题作贡献；③充分利用我国科研优势与资源特色，进一步提升学科的国际影响力。各科学部优先发展领域将成为未来五年重点项目和重点项目群立项的主要来源（表5-3）①。

表5-3　基金委"十三五"优先发展领域

一、数理科学部优先发展领域	14. 中微子特性、暗物质寻找和宇宙线探测
1. 数论与代数几何中的朗兰兹（Langlands）纲领	15. 等离子体多尺度效应与高稳运行动力学控制
2. 微分方程中的分析、几何与代数方法	**二、化学科学部优先发展领域**
3. 随机分析方法及其应用	1. 化学精准合成
4. 高维/非光滑系统的非线性动力学理论、方法和实验技术	2. 高效催化过程及其动态表征
5. 超常条件下固体的变形与强度理论	3. 化学反应与功能的表界面基础研究
6. 高速流动及控制的机理和方法	4. 复杂体系的理论与计算化学
7. 银河系的集成历史及其与宇宙大尺度结构的演化联系	5. 化学精准测量与分子成像
8. 恒星的形成与演化以及太阳活动的来源	6. 分子选态与动力学控制
9. 自旋、轨道、电荷、声子多体相互作用及其宏观量子特性	7. 先进功能材料的分子基础
10. 光场调控及其与物质的相互作用	8. 可持续的绿色化工过程
11. 冷原子新物态及其量子光学	9. 环境污染与健康危害中的化学追踪与控制
12. 量子信息技术的物理基础与新型量子器件	10. 生命体系功能的分子调控
13. 后Higgs时代的亚原子物理与探测	11. 新能源化学体系的构建

① https://www.nsfc.gov.cn/nsfc/cen/bzgh_135/11.html[2023-12-29].

续表

12. 聚集体与纳米化学

13. 多级团簇结构与仿生

三、生命科学部优先发展领域

1. 生物大分子的修饰、相互作用与活性调控

2. 细胞命运决定的分子机制

3. 配子发生与胚胎发育的调控机理

4. 免疫应答与效应的细胞分子机制

5. 糖/脂代谢的稳态调控与功能机制

6. 重要性状的遗传规律解析

7. 神经环路的形成及功能调控

8. 认知的心理过程和神经机制

9. 物种演化的分子机制

10. 生物多样性及其功能

11. 农业生物遗传改良的分子基础

12. 农业生物抗病虫机制

13. 农林植物对非生物逆境的适应机制

14. 农业动物健康养殖的基础

15. 食品加工、保藏过程营养成分的变化和有害物质的产生及其机制

四、地球科学部优先发展领域

1. 地球观测与信息提取的新理论、技术和方法

2. 地球深部过程与动力学

3. 地球环境演化与生命过程

4. 矿产资源和化石能源形成机理

5. 海洋过程及其资源、环境和气候效应

6. 地表环境变化过程及其效应

7. 土、水资源演变与可持续利用

8. 地球关键带过程与功能

9. 天气、气候与大气环境过程、变化及其机制

10. 日地空间环境和空间天气

11. 全球环境变化与地球圈层相互作用

12. 人类活动对环境和灾害的影响

五、工程与材料科学部优先发展领域

1. 亚稳金属材料的微结构和变形机理

2. 高性能轻质金属材料的制备加工和性能调控

3. 低维碳材料

4. 新型无机功能材料

5. 高分子材料加工的新原理和新方法

6. 生物活性物质控释/递送系统载体材料

7. 化石能源高效开发与灾害防控理论

8. 高效提取冶金及高性能材料制备加工过程科学

9. 机械表面界面行为与调控

10. 增材制造技术基础

11. 传热传质与先进热力系统

12. 燃烧反应途径调控

13. 新一代能源电力系统基础研究

14. 高效能高品质电机系统基础科学问题

15. 多种灾害作用下的结构全寿命整体可靠性设计理论

16. 绿色建筑设计理论与方法

17. 面向资源节约的绿色冶金过程工程科学

18. 重大库坝和海洋平台全寿命周期性能演变

六、信息科学部优先发展领域

1. 海洋目标信息获取、融合与应用

2. 高性能探测成像与识别

3. 异构融合无线网络理论与技术

4. 新型高性能计算系统理论与技术

5. 面向真实世界的智能感知与交互计算

6. 网络空间安全的基础理论与关键技术

7. 面向重大装备的智能化控制系统理论与技术

8. 复杂环境下运动体的导航制导一体化控制技术

9. 流程工业知识自动化系统理论与技术

10. 微纳集成电路和新型混合集成技术

11. 光电子器件与集成技术

12. 高效信号辐射源和探测器件

13. 超高分辨、高灵敏光学检测方法与技术

14. 大数据的获取、计算理论与高效算法

15. 大数据环境下人机物融合系统基础理论与应用

七、管理科学部优先发展领域

1. 管理系统中的行为规律

2. 复杂管理系统分析、实验与建模

3. 复杂工程与复杂运营管理

4. 移动互联环境下交通系统的分析优化

5. 数据驱动的金融创新与风险规律

6. 创业活动的规律及其生态系统

7. 中国企业的变革及其创新规律

8. 企业创新行为与国家创新系统管理

9. 服务经济中的管理科学问题

10. 中国社会经济绿色低碳发展的规律

11. 中国经济结构转型及机制重构研究

12. 国家安全的基础管理规律

13. 国家与社会治理的基础规律

14. 新型城镇化的管理规律与机制

15. 移动互联医疗及健康管理

八、医学科学部优先发展领域

1. 发育、炎症、代谢、微生态、微环境等共性病理新机制研究

2. 基因多态、表观遗传与疾病的精准化研究

3. 新发突发传染病的研究

4. 肿瘤复杂分子网络、干细胞调控及其预测干预

5. 心脑血管和代谢性疾病等慢病的研究与防控

6. 免疫相关疾病机制及免疫治疗新策略

7. 生殖－发育－老化相关疾病的前沿研究

续表

8. 基于现代脑科学的神经精神疾病研究	6. 化学元素生物地球化学循环的微生物驱动机制
9. 重大环境疾病的交叉科学研究	7. 地学大数据与地球系统知识发现
10. 急救、康复和再生医学前沿研究	8. 重大灾害形成机理及其减灾对策
11. 个性化药物的新理论、新方法、新技术研究	9. 新型功能材料与器件
12. 中医理论的现代科学内涵及其对中药发掘的指导价值研究	10. 城市水系统生态安全保障关键基础科学问题
13. 个性化医疗关键技术与转化研究	11. 电磁波与复杂目标/环境的相互作用机理与应用
14. 多尺度多模态影像技术与疾病动物模型研究	12. 超快光学与超强激光技术
15. 智能化医学工程的创新诊疗技术研究	13. 互联网与新兴信息技术环境下重大装备制造管理创新
跨科学部优先发展领域	14. 城镇化进程中的城市管理与决策方法研究
1. 介观软凝聚态系统的统计物理和动力学	15. 从衰老机制到老年医学的转化医学研究
2. 工业、医学成像与图像处理的基础理论与新方法、新技术	16. 基于疾病数据获取与整合利用新模式的精准医学研究
3. 生物大分子动态修饰与化学干预	
4. 手性物质精准创造	
5. 细胞功能实现的系统整合研究	

5.1.3.4 "十四五"科技优先发展领域

基金委按照新时期科学基金深化改革总体部署，根据"十四五"发展规划明确的优先发展领域，经广泛征求科学家和相关部门意见建议，利用各级专家咨询委员会、双清论坛等开展深入研讨和科学问题凝练，形成了"十四五"第一批 9 个科学部 78 个重大项目指南。申请人及依托单位按重大项目指南中所述的要求和注意事项提出申请。重大项目面向科学前沿和国家经济、社会、科技发展及国家安全的重大需求中的重大科学问题，超前部署，开展多学科交叉研究和综合性研究，充分发挥支撑与引领作用，提升我国基础研究源头创新能力（表 5-4）[1]。

表 5-4 基金委"十四五"优先发展领域

1. 代数与几何的现代理论	11. 量子材料与器件
2. 现代分析理论及其应用	12. 量子信息和量子精密测量
3. 问题驱动的应用数学前沿理论与方法	13. 复杂结构与介质中的电磁场和声场的机理与调控
4. 复杂系统动力学机理认知、设计与调控	14. 基本费米子及其相互作用
5. 新材料与新结构的力学	15. 强相互作用力的本质
6. 高速流动的理论、方法与控制	16. 热核聚变中的关键科学问题
7. 暗物质、暗能量以及星系巡天研究	17. 分子功能体系的精确构筑
8. 银河系、恒星、太阳及行星系统的多信使探测及研究	18. 非常规条件下的传递、反应及测量
9. 近地小行星动力学特性及监测研究	19. 物质科学的表界面基础
10. 面向下一代望远镜的关键技术研究	20. 分子选态与动力学

---

[1] https://www.nsfc.gov.cn/publish/portal0/tab1392/info87786.htm[2023-12-29].

续表

21. 超越传统体系的电化学能源	65. 机体功能活动的生物信息流
22. 新范式下的分子化学工程	66. 生态系统对全球变化的响应与适应
23. 多功能耦合的化学传感与成像	67. 林草生物质定向培育与高效利用
24. 免疫与神经化学生物学	68. 食品安全与营养、品质的生物学基础与调控机制
25. 绿色合成方法与过程	69. 农作物重要遗传资源基因发掘及分子设计育种的理论基础
26. 能源资源高效转化与利用的化学、化工基础	
27. 环境生态体系中关键化学物质的溯源与安全转化	70. 园艺作物品质性状形成与调控机理
28. 大数据与人工智能在化学、化工中的应用	71. 农业动物重要性状形成的生物学基础
29. 新材料的化学创制	72. 农业动物重要疫病病原的生物学
30. 地球与行星观测的新理论、新技术和新方法	73. 重大疾病的共性病理机制
31. 地球和行星宜居性及演化	74. 免疫异常与重大疾病
32. 地球深部过程与动力学	75. 肿瘤发生与演进机制及防治
33. 海洋过程与极地环境	76. 重大慢性病发病机制与防治
34. 地球系统过程与全球变化	77. 重大传染病发病机制、预测预警与防控
35. 天气与气候系统与可持续发展	78. 脑科学与重大脑疾病
36. 资源能源形成理论及供给潜力	79. 衰老与健康增龄
37. 轻质金属材料前沿基础	80. 生殖健康及遗传与罕见疾病
38. 面向 5G/6G 通信的信息功能材料	81. 儿童重大疾病的发病机制与防治
39. 生物医用高分子材料基础	82. 急重症、器官移植、康复和特种医学
40. 材料多功能集成与器件设计理论基础	83. 公共卫生与预防医学
41. 战略性关键金属资源开发利用基础理论	84. 中医理论与中药现代化研究
42. 低碳能源电力系统与电能高效高质利用理论与技术	85. 创新药物及生物治疗新技术
43. 高性能机电装备设计与制造的科学基础	86. 智能化医疗的基础理论与关键技术
44. 高效农机装备设计与理论	87. 大数据与人工智能时代的计算新理论与新方法
45. 土木工程基础设施智能化建造、安全服役与功能提升理论基础	88. 软物质功能体系的设计、调控与理论
	89. 生命体系多层次交互通讯的分子基础
46. 巨型水网安全基础理论	90. 人类活动与环境
47. 城市水循环过程的水质安全保障	91. 面向碳达峰碳中和的能源高效利用与节能减排的科学基础
48. 深海与极地工程装备设计和运维基础理论	
49. 新型光学技术	92. 智能运载系统人-机共享驾驶与车-路-云协同技术
50. 光电子器件及集成技术	93. 面向复杂应用场景的计算理论和软硬件基础
51. 宽禁带半导体	94. 大数据与交互计算技术
52. 电子器件、射频电路关键技术	95. 认知和感知的神经生物学基础
53. 多功能与高效能集成电路	96. 跨时空、跨尺度生物分子事件探测与解析
54. 精准探测与信息融合处理	97. 生命体的精准设计、改造与模拟
55. 新型网络及网络安全	98. 农作物有害生物成灾与演变机制及其控制基础
56. 空天地海协同信息网络	99. 重大外来入侵物种发生机制与防控技术
57. 工业信息物理系统	100. 多学科交叉新型诊疗技术
58. 安全可信人工智能基础理论	101. 复杂系统管理
59. 类脑模型与类脑信息处理	102. 可持续发展中的能源资源与生态环境管理
60. 智能无人系统技术	103. 决策智能与人机融合管理
61. 生物与医学电子信息获取和处理	104. 政府治理及其规律
62. 生物重要性状与环境适应的进化机制	105. 全球变局下的风险管理
63. 病原微生物致病及与宿主互作机制及免疫调节	106. 巨变中的全球治理
64. 细胞命运可塑性与器官发生、衰老和再生的分子基础	107. 全球性公共危机管理新问题

续表

108. 数字经济的新规律	112. 城市管理的智能化转型
109. 中国经济发展规律	113. 中国乡村振兴与区域协调发展规律
110. 企业的数字化转型与管理	114. 人口结构与经济社会发展
111. 中国企业的管理和新全球化	115. 智慧健康医疗管理

5.1.4　典型案例3：基金委管理科学部优先领域遴选案例[①]

管理科学部是国家自然科学基金委员会的学术性管理机构，负责组织拟订管理科学领域的发展战略、优先资助领域和《项目指南》，负责受理、评审和管理各类管理科学基金项目，负责国际合作交流项目的组织与管理，负责专家评审系统的组织与建设，承担重要科学问题的咨询，承办基金委交办的其他事项。管理科学部的管理体系由学术咨询系统和执行系统两部分组成。其中，学术咨询系统由专家咨询委员会组成；执行系统按照"两级机构"的框架构成，即科学部及下设的综合与战略规划处、管理科学一处、管理科学二处、管理科学三处。

基金委的"工商管理学科发展战略及十四五发展规划研究"的优先发展领域遴选遵循以下原则：①将国家战略和重大需求作为引导；②以学科发展的新趋势为驱动力；③强调专家意见和文献研究的相互结合，并在确保广泛的专家参与基础上，寻求共识，以促进工商管理学科的连续性发展。

作为"工商管理学科发展战略及十四五发展规划研究"的核心工作之一，相关课题研究组针对优先发展领域凝练召开数次会议并进行后续工作。首先，管理科学部召开专家咨询委员会会议，启动研究工作。其次，组织基金委管理科学部工商管理学科的"十四五"发展战略专家咨询会，在会议中通报"十四五"战略规划的定位，专家也针对工商管理学科的发展战略进行了讨论，以明确思路和方案，并确定了遴选技术路线（图 5-1）。最后，按照工商管理学科的领域邀请优秀青年学者组建工作团队。

优先发展领域遴选的具体流程包含以下四个步骤。

第一步，形成备选领域。通过文献分析和国家政策与行业分析，以及小范围专家座谈研究，形成覆盖工商管理学科的 14 个主流领域，包含 200 多个主题

① 根据国家自然科学基金委专项"工商管理学科发展战略及十四五发展规划研究"（项目编号71940003）课题组发布简报整理而成。

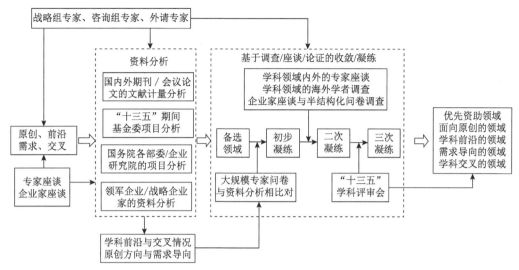

图 5-1　工商管理学科优先发展领域遴选的方法

领域,并对这些领域进行关键词和关联度分析,以形成备选领域。

　　第二步,基于备选领域进行初步凝练。主要方法是问卷调查。在得到初步凝练结果后,组织领域负责人进行问卷结果分析,结合对领域专家进行咨询的结果及行业报告等资料分析结果,初步提炼出 10~20 个优先发展领域。

　　第三步,进行二次凝练。主要依靠"企业家问卷调查"与专家座谈。针对领域负责人凝练的优先发展领域,通过邮件征求专家意见,请他们对优先发展领域进行评价,并进行打分排序。结合专家评价和打分,召开线上会议,进一步凝练工作并达成共识,优先发展领域再次凝练至 10 个以内。

　　第四步,三次凝练。通过学科评审会专家、"十四五"规划的领域分析以及各学科领域之间的交叉分析展开,对二次凝练的优先发展领域进行修正和补充,进而形成更为精练、有效的优先发展领域。

5.2　中国科学院科技优先发展领域遴选

5.2.1　中国科学院

　　中国科学院成立于 1949 年 11 月,是中央人民政府设立的综合性国家科研机构,是国家自然科学最高学术机构、科学技术最高咨询机构、自然科学与高技术综合研究发展中心，是集科研院所、学部、教育机构于一体的国家战略科技力量[①]。目前，中国科学院拥有100多家科研院所、3所大学（包括与上海市共建上海科技大学）和11个分院[②]。①科研院所，为国家科研机构，具有科技创新自主权和管理自主权，是面向全国开放的公共研究平台。②学部，成立于1955年，负责对国家科学技术发展规划、计划和重大科学技术决策提供咨询，对国家经济建设和社会发展中的重大科学技术问题提出研究报告，对学科发展战略和中长期目标提出建议，对重要研究领域和研究机构的学术问题进行评议和指导。③教育机构，中国科学院领导和支持中国科学技术大学、中国科学院大学办成质量优异、特色鲜明、规模适度、结构合理的研究型大学，并与上海市政府共同建设上海科技大学。④院机关，中国科学院下设院机关，在院长领导下履行全院组织管理职能。⑤分院，中国科学院在院属机构较为集中的地区设立分院，分院是院机关的派出机构，为事业单位法人。

5.2.2　典型案例——中国科学院战略性先导科技专项[③]

中国科学院战略性先导科技专项（简称先导专项），是在中国至2050年科技发展路线图战略研究基础上，瞄准事关我国全局和长远发展的重大科技问题提出的，是集科技攻关、队伍和平台建设于一体，能够形成重大创新突破和集群优势的战略行动计划。先导专项致力于突破关系我国国际竞争力、经济社会长远持续发展、国家安全及新科技革命的前沿科学问题和战略高技术问题，取得一批重大原创成果、重大战略性技术与产品和重大示范转化工程（简称"三重大"），提供更多有效和中高端科技供给。先导专项包括前瞻战略科技专项（A类先导专项）和基础与交叉前沿方向布局（B类先导专项）两类。A类先导专项侧重于突破战略高技术、重大公益性关键核心科技问题，促进技术变革和新兴产业的形成发展，服务我国经济社会可持续发展。B类先导专项侧重于瞄准新科技革命可能发生的方向和发展迅速的新兴、交叉、前沿方向，取得世界领先水平的原创性成果，占据未来科学技术制高点，并形成集群优势。

---

① http://www.cas.cn/zj/yk/201410/t20141017_4225627. shtml[2023-12-29].
② http://www.cas.cn/zz/[2023-12-29].
③ 研究组根据多次专家访谈内容整理而成。

5.2.2.1　遴选背景

2010 年 3 月 31 日，国务院第 105 次常务会议审议通过中国科学院"创新 2020"规划，要求中国科学院"组织实施战略性先导科技专项，形成重大创新突破和集群优势"；"在专项策划、论证和立项的各个环节，建立科学规范的程序，接受国家有关部门的指导并充分听取全国高水平科技专家意见"。

5.2.2.2　遴选依据

根据国务院的要求，中国科学院基于《创新 2050：科学技术与中国的未来》系列报告即面向 2050 年科技发展路线图凝练出的 22 个涉及现代化建设全局的战略性科技问题，组织数百名科技与管理专家多次深入研讨和评议论证，提出了第一批 8 个先导专项候选项目。此外，中国科学院制定了《中国科学院战略性先导科技专项管理办法》，明确了从策划、论证、立项、实施到评估验收各个环节的组织实施程序，其中规定应根据优先战略领域和国家重大需求、院发展规划纲要和相关战略研究成果等研究提出拟立项的先导专项建议。

5.2.2.3　遴选原则

中国科学院坚持顶层设计，自上而下组织实施先导专项，并遵循以下管理原则。①强化导向，示范引领。以"三重大"产出为导向，主要针对培育战略性新兴产业、迎接新科技革命和我国经济社会可持续发展起关键作用的科技问题，开展战略性、先导性研究，实施长期持续攻关。②创新机制，协同攻关。发挥科研组织建制化和多学科综合优势，加强宏观把握与战略判断，自上而下组织策划，创新组织管理模式，统一协调，协同攻关，系统推进。③权责明晰，分类管理。坚持科学、民主决策，建立健全决策、执行、评价既权责明晰、相对独立，又有机衔接、相互监督的运行机制。实行完善的过程管理、检查验收和后评估制度，形成管理闭环。保证先导专项管理的科学、公正与公平。先导专项根据定位和创新目标，实行分类管理，并全面落实科技领域"放管服"改革要求。④造就人才，建设高地。结合先导专项的实施，培养和凝聚一批高水平科技创新人才，建设一批高水平综合创新平台和高地，全面提升相关领域科技创新能力。

5.2.2.4　管理机制

中国科学院战略性先导科技专项建立了分工明确，权责明晰，决策、执行、评价相对独立又有机衔接的运行管理机制[1]，具体如下（图5-2）。

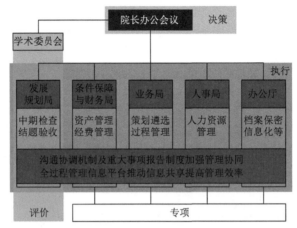

图 5-2　先导科技专项组织管理体制图

（1）中国科学院院长办公会议。中国科学院院长办公会议负责先导专项管理制度、整体布局、设立与调整、依托单位和领衔科学家（专项负责人）、资源配置等重大事项的审议和决策。

（2）中国科学院学术委员会。先导专项建立以中国科学院学术委员会为主体的专家咨询机制，负责对先导专项重大事项提出咨询建议，供院长办公会议决策参考。

（3）发展规划局。发展规划局在先导专项管理中的职责包括：①牵头制定先导专项管理办法；②支撑院学术委员会的咨询评议工作；③牵头负责先导专项中期检查工作的组织实施，提出专项布局调整建议；④牵头负责先导专项结题验收工作的组织实施；⑤组织开展相关战略研究和政策研究，为先导专项科技布局与管理运行提供政策支撑。

（4）相关业务局。相关业务局在先导专项管理中的职责包括：①根据职能分工，依据先导专项管理办法，制定 A 类和 B 类先导专项管理实施细则。②策划遴选，形成先导专项设置建议。③负责组织专项申报与实施方案论证等。④指

---

① 科发规字〔2017〕106 号。

导专项建立符合专项特点的内部管理组织模式和管理制度，代表中国科学院与先导专项相关任务承担单位签署任务书。⑤负责先导专项实施过程管理。建立监理或专家委员会等机制，对专项的实施过程进行跟踪、监督和检查，了解掌握专项实施进展和经费使用情况等，及时协调和解决实施中的问题，保障专项按计划实现科技目标。⑥参与先导专项中期检查和结题验收，负责科技目标和科研管理分项验收；配合条件保障与财务局开展财政支出绩效评价。⑦负责与相关国家部委的对口联系。

（5）条件保障与财务局。条件保障与财务局负责先导专项经费的全过程管理，具体包括：①制定先导专项经费使用及管理的制度；②落实年度财政经费；③负责先导专项预算评审和申报，提出 A 类和 B 类的总体分配原则和建议方案；④根据专项进展情况，及时下拨经费；⑤指导和组织对任务承担单位经费使用、预算执行情况的监督检查；⑥负责指导和组织先导专项财务中期检查、财务验收和财政支出绩效评价等经费全过程管理。

（6）办公厅。办公厅负责先导专项档案的全过程管理，具体包括：①制定先导专项档案管理的规章制度；②指导和组织对任务承担单位档案的形成、归档和保管情况的监督检查；③指导和组织先导专项档案验收；④指导先导专项有关信息化、安全、保密等相关工作。

（7）其他。先导专项实施过程中涉及的人事、资产与科技条件、成果转化、科学传播、监察审计等工作由院机关相关部门根据职能分工，按照"简政放权、加强监督、突出绩效，确保重大产出"的原则分别负责。

5.2.2.5　组织制度

中国科学院战略性先导科技专项建立了相应的组织制度保障先导专项的顺利进行，具体如下。

（1）沟通协调机制和重大事项报告制度。先导专项建立机关各部门间的沟通协调机制和重大事项报告制度：对涉及专项整体的管理活动，如各类检查、培训、验收等相关工作，牵头部门应在听取相关部门意见后，制定明确的工作计划，加强管理工作的协同联动，促进信息共享，减轻专项负担，提高管理效能。

（2）全过程管理信息平台。由发展规划局牵头，依托院计算机网络信息中心，建立先导专项全过程管理信息平台，用于跟踪先导专项实施情况，在遵守保密规定的前提下，促进专项资源和成果的开放共享。同时，有效提升管理信息化水平，提高管理能力、质量和效率。

（3）A类先导专项组织制度。A类先导专项实行先导专项领导小组统一领导、先导专项总体组（部）具体组织实施下的各任务承担单位负责制。一般情况下，领导小组由相关分管副院长担任组长，主要负责专项组织实施过程中的组织领导，审定并协调解决相关先导专项实施过程中的重大问题。A类先导专项实行行政指挥线和科技指挥线双线并行管理模式，均对专项领导小组负责。其中，行政指挥线由专项协调组负责：一般由专项主管业务局领导、专项依托单位和项目承担单位法人代表构成，负责协调推动跨所、跨领域合作；落实专项任务执行所需的配套支撑条件，执行院有关管理规定；对专项实施过程中的行政管理问题提出处理建议，保证专项成果产出，确保各项目标实现。科技指挥线由专项总体组负责：原则上在专项依托单位成立，由专项负责人任组长，负责提出专项整体目标、实施方案、任务分解及内部调整建议等，负责专项内部的总体协调与专项任务的组织实施。专项各级任务承担单位是专项目标实现的责任主体，并负责为科技目标的实现提供支撑保障。

（4）B类先导专项组织制度。B类先导专项实行领衔科学家（专项负责人）负责制，可根据专项实际情况设立相应的领导机构和学术咨询机构。领衔科学家（专项负责人）是专项目标实现的责任主体，负责专项的总体协调与组织实施，提出专项发展规划、科学目标、核心与合作团队建议、专项内部运行管理机制，负责专项任务分解、确定工作任务节点，并组织编报预算等。B类先导专项的各级任务承担单位为先导专项顺利实施提供组织管理保障。

专项依托单位是指牵头负责专项任务的法人单位；承担单位是指牵头负责项目、课题或子课题层次专项任务的法人单位；参与单位是指承担专项任务，但不是任务牵头单位的法人单位。一般情况下，专项应在依托单位成立专项办公室，负责专项各项管理工作的具体推进和落实。所有承担任务的法人单位要把专项的实施作为重大任务首要支持，在政策制度及管理等方面进行适当倾斜，认真做好统筹协调和提供配套支撑条件，严格执行国家、院有关管理规定，认真履行合同条款，接受指导、检查，并配合检查和验收工作。

5.2.2.6　遴选流程

中国科学院作为先导专项的主管部门，负责先导专项的全过程管理。在策划、论证和立项的各个环节，建立健全会商和咨询机制，接受国家有关部门的指导并充分听取科技界高水平专家意见，先导专项的遴选流程具体如下（图 5-3）。

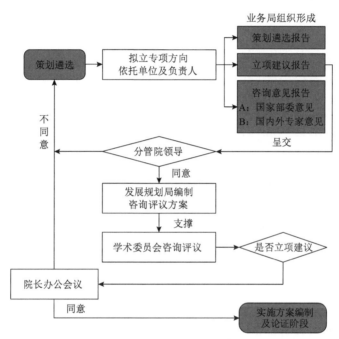

图 5-3　先导专项遴选流程图

①提出立项建议。中国科学院相关业务局根据优先战略领域和国家重大需求、院发展规划纲要和相关战略研究成果等研究提出拟立项的先导专项建议，形成策划遴选报告，对策划遴选的依据、过程、立项的必要性与重大意义等进行详细阐述，同时提出专项领衔科学家（专项负责人）建议人选，组织编制立项建议报告。

②征询意见。中国科学院相关业务局分别就专项研究方向和目标、立项意义与必要性等组织征询国家相关部委和国内外专家意见，汇总形成咨询意见报告。

③分管院领导审定。策划遴选报告、立项建议报告及咨询意见报告经分管院领导审定后，转呈发展规划局提交学术委员会审议。

④学术委员会评议。发展规划局在收到业务局报送的相关材料2个月内，支撑院学术委员会，就拟设立的先导专项集中开展立项咨询评议。院学术委员会根据策划遴选报告、立项建议报告和咨询意见报告，对专项的定位与产出目标、领衔科学家（专项负责人）的能力与水平、研究内容和技术路线的合理性、运行与管理机制等进行投票和打分，明确提出是否支持立项的意见。

⑤院长办公会议审议立项。院学术委员会咨询评议结果，由发展规划局按程序提交院长办公会议审议立项。

⑥编制专项实施方案。中国科学院相关业务局根据院长办公会议决议，组织获准立项的各先导专项，在不违反保密原则的前提下，采用开放竞争的方式，遴选汇聚最优势力量，确定项目、课题（子课题）任务承担单位，编制专项实施方案，确保重大科技资源的高效使用。

⑦论证实施方案。中国科学院相关业务局组织召开先导专项实施方案论证会，邀请相关专家（优先从院学术委员会专家中遴选）和职能局对先导专项实施方案进行综合论证。对与经济社会发展和国家安全密切相关的，有清晰产出目标的先导专项，论证会应包括政府有关部门、相关行业部门管理专家和企业专家等参与。

⑧编报经费概预算。相关业务局根据论证意见组织修改完善相关专项实施方案，组织编报专项经费概预算。条件保障与财务局根据先导专项实施方案的经费需求和国家、院有关经费管理规定，以及实施方案论证情况，组织经费概预算评审。

⑨院长办公会议审议通过，专项正式启动。相关业务局和条件保障与财务局将实施方案论证和概预算评审结果，提交院长办公会议审议。院长办公会议审议通过日期为专项启动时间。相关业务局和条件保障与财务局共同以院文形式，发布专项立项通知，明确专项名称、专项领衔科学家（专项负责人）、依托单位、实施周期、经费概算等。

5.3　科学技术部科技优先发展领域遴选

5.3.1　科学技术部

中华人民共和国科学技术部（简称科技部）是国务院组成机构，其主要工作是研究提出科技发展的宏观战略和科技促进经济社会发展的方针、政策、法规；研究科技促进经济社会发展的重大问题；研究确定科技发展的重大布局和优先发展领域；推动国家科技创新体系建设，提高国家科技创新能力。科技部内设机构主要包括：办公厅、战略规划司、政策法规与创新体系建设司、资源配置与管理司、科技监督与诚信建设司、重大专项司、基础研究司、高新技术司、农村科技司、社会发展科技司、成果转化与区域创新司、外国专家服务司、科技人才与科学普及司、国际合作司（港澳台办公室）、人事司等。

5.3.2　典型案例 1——科技部涉及科技优先发展领域遴选的科技计划

5.3.2.1　国家科技重大专项

（1）政策依据：《国家科技重大专项（民口）管理规定》。

（2）主管部门：科技部。国家科技重大专项（简称重大专项）的组织实施由国务院统一领导，国家科技教育领导小组（2018 年调整为国家科技领导小组）统筹、协调和指导。科技部作为国家主管科技工作的部门，会同国家发展和改革委员会、财政部等有关部门，做好重大专项实施中的方案论证、综合平衡、评估验收和研究制定配套政策工作。

（3）遴选模式：主要采取自上而下、上下结合的方式广泛研究论证提出，由党中央、国务院批准设立。

（4）遴选流程。

首先，提出选题。一是由战略研究专题小组在研究确定重点领域与优先主题的基础上，自下而上，凝练出战略性的重大专项选题，每个小组提出 1～5 个不等的选题。人口与健康科技问题研究组基于 7 个重点领域提出了 2 个重大专项选题，重大传染病防治与重大新药创制，均被采用。交通科技问题研究组提出了 5 个选题，但最终均未能被采用。二是由重大专项论证组自上而下提出重大专项选题，如国家科技重大专项"核心电子器件、高端通用芯片及基础软件产品"（简称核高基专项）由江上舟组长指示战略高技术研究组信息小组组长李国杰撰写，充分体现国家意志。

其次，讨论、修改、筛选选题。经过讨论筛选重大专项选题，或更改某些重大专项的方向。新一代宽带无线移动通信网专项最初为战略高技术组提出的 8 亿龙网专项，后经讨论协调后进行更改；核高基专项最初选题为 CPU，后经讨论修改，增加两部分内容，变成现在的核高基。数十个选题在重大专项论证组的带领下筛选出 16 个重大专项，纳入规划纲要草案中。

最后，审议通过选题。规划纲要草案经审议后通过，确定 16 个重大专项。重大专项确定后，根据国家发展需要和实施条件的成熟程度，逐项启动实施论证，科技部成立重大专项办公室，各专项组建专项领导小组办事机构，组建论证专家委员会，进行实施方案的编制与论证，在国务院常务会议批准后正式启动。由国务院统筹落实专项经费，以专项计划的形式逐项启动实施。同时，根据国家战略需求和发展形势的变化，对重大专项进行动态调整，分步实施。

（5）遴选方法。

①战略研究：进行国情调查，掌握我国科技本底情况，认清我国科技发展的方向、目标和重点，提出一系列战略思想。

②小组讨论：20 个战略研究专题研究组分别进行研究，每个组下设若干个专题；通过交流会等形式进行集中讨论；进行集中的脱产研究。

③专家咨询：通过举办研讨会、研究论坛、座谈会等向国内外专家征询意见；通过实地走访老专家听取意见建议；通过战略专家库吸纳社会各界专家的意见。

④意见征询：向各部门、地方与公众全面征询意见，包括与部门、行业协会和企业交流；把战略研究报告提交中国科学院、中国工程院和中国社会科学院进行"三院"咨询；提交国务院有关部门正式征求意见。

⑤公众参与：在全国性的大报开辟专栏，发表各方面专家对规划战略研究中的重大问题的见解；由科技部专门开设了"国家中长期科技规划"相关网站；针对普遍关心和有争议的问题开展问卷调查等。

5.3.2.2　国家重点研发计划

（1）政策依据：《国家重点研发计划管理暂行办法》。

（2）主管部门：科技部。

（3）遴选模式："自下而上"和"自上而下"相结合。

（4）遴选专家：重点专项专家委员会由重点专项实施方案编制参与部门（含地方，以下简称专项参与部门）推荐的专家组成，主要职责是：开展重点专项的发展战略研究和政策研究；为重点专项实施方案和年度项目申报指南编制工作提供专业咨询；在项目立项的合规性审核环节提出咨询意见；参与重点专项年度和中期管理、监督检查、项目验收、绩效评估等，对重点专项的优化调整提出咨询意见。

（5）遴选流程：国家科技计划（专项、基金等）管理部际联席会议（简称部际联席会议）负责审议重大事项总体任务布局、新增重大专项立项建议和实施方案、重大专项发展规划和有关管理规定，以及遴选确定项目管理专业机构等重大事项；战略咨询与综合评审委员会（简称咨评委）负责对国家重点研发计划的总体任务布局、重点专项设置及其任务分解等提出咨询意见，为部际联席会议提供决策参考；科技部牵头组织征集部门和地方的重大研发需求，根据"自下而上"和"自上而下"相结合的原则，会同相关部门和地方研究提出国家重点研发计划的总体任务布局，经咨评委咨询评议后，提交部际联席会议全体会议审议；根据部际联席会议审议通过的总体任务布局，科技部会同相关部门和地方凝练形成目标明确的重点专项，并组织编制重点专项实施方案，作为重点专项任务分解、概算编制、项目申报指南编制、项目安排、组织实施、监督检查、绩效评估的基本依据。

（6）计划领域：重点资助事关国计民生的农业、能源资源、生态环境、健康等领域中需要长期演进的重大社会公益性研究，事关产业核心竞争力、整体自主创新能力和国家安全的战略性、基础性、前瞻性重大科学问题、重大共性关键技术和产品研发，以及重大国际科技合作等，加强跨部门、跨行业、跨区域研发布局和协同创新，为国民经济和社会发展主要领域提供持续性的支撑和引领。

5.3.3 典型案例2——我国科技发展规划的编制

5.3.3.1 《1956-1967年科学技术发展远景规划纲要》（十二年规划）

（1）编制部门：国务院科学规划委员会。

（2）涉及优先发展领域遴选的内容：该规划从13个方面提出了57项重大科学技术任务、616个中心问题，从中进一步综合提出了12个重点任务。

（3）编制过程：该规划的制定采用"自上而下"的规划编制方式（图5-4）。该规划是在党中央、国务院的提议，周恩来总理亲自领导下进行的，国务院为此专门设立了科学规划委员会作为常设的高级协调机构，具体组织领导全国科技发展规划工作。该规划的编制主要采取"自上而下"的方式，在规划编制之前，党中央和国务院就规划的总体方针和具体要求，作出明确指示。在具体编制过程中，科学规划委员会根据规划的总方针和要求，召集国务院各部门负责人，以及参与规划工作的科技专家，具体部署十二年规划的指导方针、任务和要求。根据中央和国务院制定的规划总方针和科学规划委员会的具体部署，中国科学院、高等院校、产业部门和国防部门，结合本部门的实际情况和需要，首先组织专家编制本部门的科学技术发展规划初稿。然后，在本部门科学技术发展规划初稿的基础上，科学规划委员会集中各方面的科技专家，将国家的战略目标同各部门、各学科发展需要结合起来，综合编制全国的科技发展远景规划，最后经国务院批准，下达到各部门具体组织实施。归纳起来，中国十二年

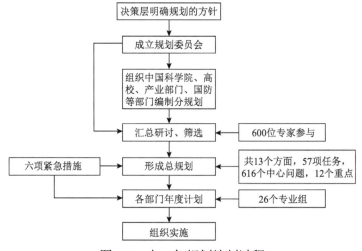

图5-4 十二年规划编制过程

规划编制工程如图 5-4 所示，从中可以看到，规划起始于决策提出的规划方针，然后层层落实，其自上而下的特征十分明显（崔永华，2008）。

5.3.3.2　《1986—2000 年科技发展规划》（十五年规划）

（1）编制部门：规划委员会。

（2）涉及优先发展领域遴选的内容：出台了"国家高技术研究发展计划"（简称 863 计划）、火炬计划、星火计划以及设立国家自然科学基金，并制定了 12 个领域的技术政策（1988 年又增加了 2 个领域）。

（3）编制过程：采取"自上而下与自下而上相结合"的规划编制方式（图 5-5）（崔永华，2008）。在规划编制前，由国家科学技术委员会、国家计划委员会和国家经济委员会联合组成的规划委员会首先组织了多位科学、技术、经济和管理专家对中国的科学技术能力和自然、经济以及社会条件进行综合分析、评价和国内外情况的比较研究，对国民经济各主要部门、主要行业的技术政策进行了全面的论证。通过全面研究，就各领域的技术发展目标、行业的生产结构、产品结构和技术发展方向的选择以及促进技术进步的途径和措施等重大问题作出宏观的指导性的政策规定，制订了能源、交通运输等 12 个领域的技术政策要点。与此同时，规划委员会又组织专家和管理人员分 12 个行业、6 个领域及基础研究成立了 19 个专业规划组，各专业规划组就国内外科学技术发展现状进行

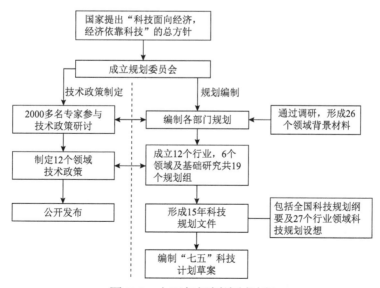

图 5-5　十五年规划编制过程

认真的调研分析，根据制订的科学技术政策和各领域国内外发展趋势的背景材料，以及中国的科学技术能力，对本领域 1986～2000 年科学技术发展目标进行既切实可行，又具有先进性的战略规划。规划办公室再结合国家全局的战略目标和各部门、各学科的发展需要，综合汇编 1986～2000 年全国科学技术发展的轮廓和设想。

5.3.3.3 《国家中长期科学和技术发展规划纲要（2006-2020 年）》

（1）编制部门：国务院。

（2）涉及优先发展领域遴选的内容：该规划文本中确定了 11 个国民经济和社会发展的重点领域，并针对每个重点领域，布局了 68 项优先主题；确定了 16 个重大专项（对应于科技部主管的国家科技重大专项）；确定了 8 个技术领域的 27 项前沿技术；确定了 18 个基础科学问题，并提出实施 4 个重大科学研究计划。

（3）编制过程：该规划的制定采用"自下而上"的规划编制方式。

2003 年 6 月，国务院决定以温家宝为组长的国家中长期科学和技术发展规划领导小组，中国科学院院长路甬祥、工程院院长徐匡迪、科技部部长徐冠华等 24 位部级领导任领导小组成员。领导小组下设办公室，办公室设在科技部，徐冠华兼办公室主任，国家发展和改革委员会和财政部的领导任副主任。随之又成立了以周光召、宋健、朱光亚为召集人，王选等 18 名科学家为成员的国家中长期科学和技术发展规划总体战略专家顾问组。其职责是对战略研究的方向、科技发展的重大问题、重大任务和战略目标等提出咨询意见，对规划战略研究与规划制定过程中出现的重大争议提出咨询意见和建议。

第一阶段为战略研究阶段（研究重大问题）（2003 年 6 月～2004 年 6 月）。从 2003 年 8 月开始，来自科技、社会、经济、管理和产业界的 2000 多名专家参与了 20 个专题的战略研究，形成了 120 万字的战略研究报告，明确了未来 15 年中国经济社会发展和国家安全对科技的需求，为制定科技规划奠定基础。

第二阶段为政府决策阶段（制定规划纲要）（2004 年 7 月～2005 年 1 月）。在战略研究基础上，进行重大问题的专门研究，并起草《国家中长期科学和技术发展规划纲要（2006-2020 年）》。重点任务是若干重大科技专项研究论证，包括：组建研究队伍（参与超过 3000 人，研究骨干 1000 多，院士 147 位）；开展集中研究（三次集中脱产研究）；加强沟通交流（召开若干次大型会议、简报、网站、专栏）；重大专项论证（大飞机、ITER、绕月工程）。在此基础上，完成了一系列战略研究的主要成果：系统分析了国内外形势，初步提出了科技发展的思路，明确了科技发展的重点任务，提出了科技发展的政策措施。

第三阶段为审定规划阶段。审定《国家中长期科学和技术发展规划纲要（2006-2020 年）》并制定"十一五"科技发展计划。规划纲要草案形成以后，先后提交国务院常务会议和中共中央政治局常委会、中共中央政治局会议审议，并广泛征求了中央和国家机关各部委、各省（自治区、直辖市）和各有关方面的意见[①]。

5.3.3.4　《"十三五"国家科技创新规划》

（1）编制部门：国务院

（2）涉及优先发展领域遴选的内容：该规划提出要通过实施关系国家全局和长远的重大科技项目（国家科技重大专项和新的重大科技项目），构建具有国际竞争力的现代产业技术体系、健全支撑民生改善和可持续发展的技术体系、发展保障国家安全和战略利益的技术体系来构筑国家先发优势，文中提到了众多经过遴选出的重大科技项目和优先发展的技术。在基础研究方面，该规划同时提出了 9 项面向国家重大战略任务重点部署的基础研究问题、13 项战略性前瞻性重大科学问题和 5 个国际大科学计划和大科学工程等。

（3）编制过程：在"十三五"科技规划的前期研究阶段（截止到 2014 年底），主要任务是开展规划前期研究，形成"十三五"科技发展的基本思路及重点任务，报送国家发展和改革委员会并指导 2016 年计划指南发布。主要通过以下三种方式开展前期研究。一是开展专题研究。在继续做好规划纲要、重大专项中期评估和技术预测的基础上，由科技部内各司局牵头组织相关部门和领域的专家开展专题研究，明确提出各领域的发展目标、指导原则、重点任务和重大举措，为专项规划和总体规划文本编制提供直接依据。二是面向社会公开

<hr />

① 国家中长期科技发展规划现在进行时：海纳百川　播种未来. https://www.cas.cn/xw/cmsm/200403/t20040303_2693664.shtml[2023-12-29].

招标。采取定向委托或公开招标等方式，对科技发展形势、目标以及热点、难点、重点问题进行研究，进一步拓宽规划编制视野。三是开展公众需求征集。在科技部网站上开设专栏，广泛收集社会公众对"十三五"科技发展与改革的意见建议。在汇集各方面研究成果的基础上，开展总体规划文本的起草和编制工作[①]。

5.4 中国工程院科技优先发展领域遴选

5.4.1 中国工程院

中国工程院于1994年6月3日在北京成立，是中国工程技术界最高荣誉性、咨询性学术机构。中国工程院主要对国家重要工程科学技术问题开展战略性研究，提供决策咨询，致力于促进中国工程科学技术事业的发展[②]。中国工程院由院士大会、主席团、院领导、六个专门委员会、九个学部与办事机构等组成，具体内容如下。①院士大会，中国工程院的最高权力机构，由全体院士参加，每逢公历双年份6月第一周举行。②主席团，院士大会闭会期间的常设领导机构，由院长、副院长、当然成员、各学部主任和若干名由院士大会直接选举的成员组成。③专门委员会，包括院士增选政策委员会、科学道德建设委员会、咨询工作委员会、科技合作委员会、学术与出版委员会、教育委员会。④学部，包括机械与运载工程学部，信息与电子工程学部，化工、冶金与材料工程学部，能源与矿业工程学部，土木、水利与建筑工程学部，环境与轻纺工程学部，农业学部，医药卫生学部，工程管理学部。⑤办事机构，包括办公厅、一局、二局、三局、国际合作局。

5.4.2 典型案例1——中国工程科技中长期发展战略研究

中国工程院组织开展的"中国工程科技中长期发展战略研究"是对我国工程科技中长期发展战略第一次较为全面、系统的研究，该研究以满足经济社会

---

① 国家"十三五"科技规划研究编制的总体考虑[J]. 工具技术，2014，48（10）：93.
② http://www.cae.cn/[2023-12-29].

发展对工程科技的重大需求、促进我国工程科技实现跨越式发展为基本出发点，对 2030 年我国工程科技发展战略目标进行系统谋划[①]。

5.4.2.1　研究背景

2011～2030 年，我国面临可持续发展的关键转型期和重要机遇期，将经历工业化、信息化、城镇化、市场化、经济全球化和金融危机带来的巨大冲击。面对未来人口持续增加，能源、资源供需矛盾日益突出，全球气候变化和生态环境恶化，技术、市场竞争加剧等一系列问题，经济社会可持续发展面临巨大挑战，对工程科技的创新发展提出了更为迫切的要求。但是，我国工程科技实现跨越式发展的基础仍显薄弱，众多领域尚未摆脱关键核心技术受制于人的局面。为做好全面应对挑战的准备，中国工程院在基金委的资助下设立了中国工程科技中长期发展战略研究联合基金，组织开展了中国工程科技中长期发展战略研究。

5.4.2.2　遴选目标

在充分分析世界工程科技发展大趋势、我国面向 2030 年经济社会发展的需求、我国工程科技未来发展能力的基础上，提出工程科技支撑与促进我国经济社会发展的新思路，提出能够大幅度提升我国可持续发展能力和综合国力的重大工程，提出具有引领性的重大工程科技专项和需要发展的重大关键共性技术，从而进一步促进工程科技更好地服务于国家经济社会发展，支撑国家现代化建设和国家战略实现[②]。

5.4.2.3　遴选专家组

中国工程科技中长期发展战略研究由工程院发展战略研究课题组和自然科学基金项目专题组两部分组成，形成了层次分明、有机结合的研究团队。

1）工程院发展战略研究课题组

工程院发展战略研究课题组的任务是研究提出面向 2030 年我国工程科技发展战略、建议实施的重大工程和重大工程科技专项。工程院发展战略研究团队由工程院院士和中青年专家共同组成，包括 8 个领域课题组、4 个跨领域专

---

① 李大庆. 中国工程科技中长期发展战略研究报告发布[N]. 科技日报，2012-12-26.
② http://se-office.ruc.edu.cn/xxdt/13722fca74f242768b8f115af013173f.htm[2023-12-29].

题组和 1 个综合组：8 个领域课题组为机械与运载，信息与电子，化工、冶金与材料，能源与矿业，土木、水利与建筑，环境与轻纺，农业以及医药卫生课题组；4 个跨领域专题组为信息化推动经济社会发展有关工程科技问题研究专题组、生物碳汇扩增战略研究专题组、我国载人探月工程发展战略研究专题组、我国公共安全相关工程科技发展战略研究专题组；综合组由工程管理学部院士、各学部专家组组长及执笔人等组成，主要任务是参与研究的顶层设计、总体策划、过程控制、界面衔接和综合集成①。

2）自然科学基金项目专题组

自然科学基金项目专题组以重大工程、重大工程科技专项引出的科学问题和基础理论问题研究为主。自然科学基金项目专题组由国家自然科学基金委员会面向全国招标选定，共有 217 个单位申报了 648 个项目，经工程院专家组评审选出 50 个项目给予资助。

5.4.2.4 遴选流程

中国工程科技中长期发展战略研究于 2009 年 4 月正式启动。在启动后的两年多的时间里，先后动员了工程院 9 个学部 200 多位院士和 300 多名专家参与研究，并在工程院全体院士中广泛征求意见。该研究的具体内容如下。

（1）分析发展趋势。分析当前世界工程科技呈现的新特点，由此提出工程科技各领域主要发展趋势。

（2）概括战略需求。基于对 2030 年经济社会发展情景以及我国工程科技发展现状的分析，将我国经济社会发展对工程科技的战略需求概括为缓解瓶颈制约、增强发展能力、提升民生质量三方面、十八条需求。

（3）明确战略定位与目标。2030 年前我国工程科技发展的战略定位为：以科学发展观为统领，以支撑我国经济社会又好又快发展为核心任务，以构建健康的生存发展环境为出发点，以建设工程科技强国为使命，实现工程科技的跨越式发展。为满足我国经济发展方式转变、提升国家综合国力的要求，立足国情，提出 2030 年我国工程科技发展的目标：一是工程科技整体上达到发达国家中上水平，若干领域国际领先；二是能源、资源、环境技术有效突破并广泛应

---

① http://se-office.ruc.edu.cn/xxdt/13722fca74f242768b8f115af013173f.htm[2023-12-29].

用，缓解对经济社会发展的瓶颈制约；三是产业核心技术自给率大幅提升，形成持续的国际竞争优势；四是民生保障科技体系基本实现全方位覆盖，有效支撑和谐社会建设。

（4）提出战略任务。根据中国工程科技发展目标提出了面向 2030 年我国工程科技"三位一体"的总体战略构想。该战略构想紧密结合我国转变经济发展方式、促进经济社会可持续发展及和谐发展的要求，将"缓解瓶颈制约、增强发展能力、提升民生质量"的总体战略和科技要素紧密结合，提出了 12 个重点发展领域。通过 12 个领域工程科技的全面推进和部分领域的跨越，在未来 20 年内，改变中国产业发展面貌，全面建立现代产业体系，支撑有质量的发展和包容性增长，保障民生和谐。

5.4.2.5　遴选节点

中国工程科技中长期发展战略研究的主要节点与具体内容如下。

2009 年 6 月：确定研究组织和工作计划，研讨确定研究纲要、领域课题研究大纲、基金项目指南等。

2009 年 10 月：确定 50 项联合基金资助项目。

2010 年 6 月：院士大会期间对各学部的初步研究成果进行交流审议。

2010 年 9 月：各领域课题研究报告初稿进行交流汇报，在对综合报告大纲进行研讨基础上，开始综合报告编写工作。

2011 年 3 月：经过 10 多轮修改，研究组向工程院常务扩大会议汇报研究综合报告以及重大工程和重大工程科技专项等。

2011 年 5 月：综合组会议对综合报告进行审定并向主席团汇报。

2011 年 6 月：在院士大会期间向全体院士征求意见，在院士建议基础上对研究报告进行修改完善。

5.4.3　典型案例 2——引发产业变革的重大颠覆性技术预测研究

引发产业变革的重大颠覆性技术预测研究是中国工程院 2016 年立项的重大咨询项目，旨在贯彻中国共产党第十八届中央委员会第五次全体会议提出的创新发展理念和"重视颠覆性技术创新"的要求，汇集专家群体智慧、广泛调研国内外各领域最新的研究成果，遴选、提出和研究未来 10 年国内外正在引发产业变革的颠覆性技术,以及有共识的未来 20 年必然引发产业变革或可能引发产业变革的颠覆性技术(孙永福等,2017)。

5.4.3.1 研究背景

新一轮科技革命和产业变革与我国加快转变经济发展方式形成历史性交汇,国际产业分工格局正在重塑,我国产业转型升级如逆水行舟,不进则退。我国应紧紧抓住当前的重大历史机遇,在新一轮科技革命和产业变革中抢占战略制高点,才有可能实现弯道超车、后来居上。在这样的背景下,若能准确把握与预测引发产业变革的颠覆性技术的发展方向,将为我国制定重大科技发展规划及政策提供决策支撑,为我国选择产业转型升级的着力点、关系全局和长远发展的战略必争领域和优先发展方向提供重要参考。

5.4.3.2 研究思路

对于引发产业变革的颠覆性技术的预测,该研究采用以下循序渐进的思路:首先研究引发产业变革的颠覆性技术内涵;再采用科学、准确的手段对引发产业变革的颠覆性技术进行定性与定量遴选;进而总结引发产业变革的颠覆性技术的特征与发展规律,开展探索性技术预测。具体地,该研究首先从产业和技术结合的角度提出了引发产业变革的颠覆性技术的内涵,并建立引发产业变革的颠覆性技术的指标评价体系,通过第一轮问卷调查定性遴选出约 160 项技术,再应用指标评价体系通过第二轮问卷调查定量遴选出约 20 项技术,从而为进一步研究颠覆性技术与产业变革间的规律、开展技术预测奠定基础。

5.4.3.3 遴选指标

引发产业变革的颠覆性技术的指标评价体系紧扣"引发产业变革的颠覆性技术"的内涵与特征,设为 4 个一级指标和 12 个二级指标。4 个一级指标与"引发产业变革的颠覆性技术"的 4 个特征,即"技术突破性、产品替代性、市场广泛性、产业变革性"相对应。同时,设计了每个二级指标的初始权重值(表 5-5),为引发产业变革的颠覆性技术的定量遴选提供可操作的方法。每个二级指标均设立可量化标准,根据相应的评价标准有相应得分(0~10 分)。12 个二级指标具体含义如表 5-6 所示。

表 5-5　引发产业变革的颠覆性技术的指标评价体系

一级指标	二级指标	二级指标权重值	对应特征
技术	技术需求性	0.1	技术突破性
	技术提升性	0.05	
	技术成熟度	0.05	
产品	产品突出性	0.1	产品替代性
	制造成熟度	0.05	
	制约因素	0.05	
市场	民众生活	0.1	市场广泛性
	生产资料	0.1	
	受益群体	0.1	
产业	产业运行模式	0.1	产业变革性
	产业规模	0.1	
	产业结构	0.1	

表 5-6　引发产业变革的颠覆性技术的评价指标及其含义

评价指标	指标含义
技术需求性	该指标表征关键技术对重大问题的解决能力。通过设立该指标来判断某项技术是否具有强烈的应用需求，以及需求推动程度
技术提升性	该指标表征关键技术的核心指标提升情况。相比原有技术，提升率越高颠覆性影响越明显
技术成熟度	该指标表征关键核心技术的成熟度。成熟度越高，转化为产品的潜力越大。因为研究着重关注 10 年内引发产业变革的颠覆性技术，考虑到无论是技术成熟与培育，还是技术转化为产品再到进入市场，都需要一定的年限，故着眼于技术成熟度（TRL）≥ 4 的技术。该项指标得分小于 4（TRL＜4）的技术将不予考虑
产品突出性	该指标表征技术引发的产品或服务对旧有产品或服务的替代作用与影响。该项指标得分越高，替代性越强
制造成熟度	该指标表征产品制造过程中关键制造技术的成熟程度，以及技术转化过程中的制造风险。制造成熟度越高，应用价值越大
制约因素	该指标表征技术成功转化为产品或服务时所需付出的努力与面临的困难。该指标作为唯一的负向指标，包括成本、基础设施和政策等因素，得分越高，技术转化为产品或服务的潜力越大
民众生活	该指标表征颠覆性技术对生活资料（消费者）市场的影响，体现在衣食住行甚至社交娱乐等精神层面需求的改变与提升，以及衣食住行甚至社交娱乐等精神层面成本的降低
生产资料	该指标表征颠覆性技术对生产资料市场的影响，体现在生产资料中设备、原材料、工具、辅助品等各要素的改变，涵盖了日用品制造、工业生产、农业耕作与武器装备研制等多种生产资料市场
受益群体	该指标表征技术对市场终端——广义消费者的影响，该项指标得分越高，颠覆性技术产生的受众影响越大。广义消费者包括消费者（普通民众）、生产者、服务者（生产与制造业、农业、服务业）、特定人群（军事人员及其他）等
产业运行模式	该指标表征产业运行模式的发展与改变，包括组织管理模式、制造模式与商业模式的改变与发展
产业规模	该指标从从业人数、产业集中程度、市场规模与占有率、经济价值等角度表征产业规模的扩大和改变
产业结构	该指标表征由于产品比例或服务形态的改变，引发产业结构发生深刻变化，将逐步催生新兴产业、改造原有产业、淘汰夕阳产业

5.4.3.4 第一轮问卷调查——定性遴选

对引发产业变革的颠覆性技术的定性遴选，需经历三个步骤：首先，综合国内外各类颠覆性技术研究报告与技术热点，形成"技术选项清单"（313 项技术）；其次，依托院士智慧与专家力量，在"技术选项清单"的基础上，开展问卷调查；最后，根据问卷调查的结果，进行多渠道技术补充，形成"技术备评清单"（165 项），具体流程见图 5-6。

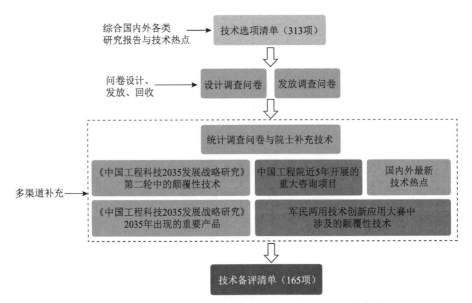

图 5-6 引发产业变革的颠覆性技术的定性遴选流程

（1）形成"技术选项清单"。持续跟踪主要国家和机构开展的颠覆性技术研究与预测报告，从中梳理出与产业相关的颠覆性技术；并对国内政策文件与热点词汇进行整理，对涉及的颠覆性技术进行筛选、归类；再借鉴吸收《中国工程科技 2035 发展战略研究》技术清单、科技部面向"十三五"技术预测的部分成果，最后形成包含 313 项技术的"技术选项清单"。

（2）第一轮调查问卷工作。问卷调查将以中国工程院院士为核心、专家为骨干、学部为主体，旨在广泛征集并汇聚院士、专家意见，充分发挥各学部各领域院士、专家的作用。依照各学部设置，共设置 8 份"技术选项子清单"，院士专家在每份"技术选项子清单"选出不超过 20 项的引发产业变革的颠覆性技术，并可进行技术增补。对问卷进行回收统计时，按各技术入选频次对技术进行排序，并对院士专家补充的技术进行详细记录。

（3）"技术备评清单"的形成。通过入选技术、第一轮问卷入选技术、《中国工程科技 2035 发展战略研究》渠道入选技术、院士补充渠道入选技术、其他渠道入选技术五个渠道，对技术进行集成、归并和删减，最终形成包含 165 项技术的"技术备评清单"。此外，还对 165 项技术的预计实现年份及数量进行了统计。

5.4.3.5　第二轮问卷调查——定量遴选

在包含 165 项技术的"技术备评清单"的基础上，采用引发产业变革的颠覆性技术的指标评价体系，设计第二轮调查问卷；仍以中国工程院各学部院士为核心，广泛征集并汇聚院士意见，填写第二轮调查问卷；最后对问卷结果进行统计，与院士补充的技术综合后，形成 26 项"技术备研清单"（图 5-7）。

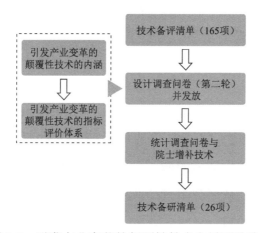

图 5-7　引发产业变革的颠覆性技术定量遴选流程

问卷中对单项技术的遴选设置如表 5-7 所示。对调查问卷出现的以下几种情况做如下处理：对技术"很熟悉、熟悉、一般"的专家，在统计技术得分时按一定比例进行处理；对未作出"是否为颠覆性技术"判别或作出否定判别的问卷，不纳入问卷统计；对只作出"技术熟悉程度"判别但未作出评价勾选的问卷，进行"入选次数"统计，不进行"技术得分"统计；对作出技术评价勾选但未作出"技术熟悉程度"判别的问卷，统一处理为"技术熟悉程度一般"。

表 5-7　第二轮调查问卷中对单项技术的遴选设置

对该技术的熟悉程度 (在相应列打√)	很熟悉	熟悉	一般	该项技术是否为"引发产业变革的 颠覆性技术"(在相应列打√)	是		否
一级指标	二级指标		评价准则		评价(打√)		
					低/小	中/一般	高/大
技术突破性	技术需求性		相比原有技术,该技术对问题的解决与应用需求程度				
	技术提升性		相比原有技术,关键技术核心指标的提升率				
	技术成熟度		关键核心技术的成熟度与转化为产品的潜力(1~9 级)				
产品替代性	产品突出性		对原有产品/服务影响,对原有产品/服务的更新换代力度				
	制造成熟度		产品制造过程中关键制造技术的成熟度与应用价值(1~10 级)				
	制约因素		转化为产品/服务时,成本高低与基础设施完善情况				
市场广泛性	民众生活		衣食住行方式的改变与提升力度,以及成本降低程度				
	生产资料		对原有设备、原材料、工具和辅助品的改良与提升程度				
	受益群体		受益的消费者、生产者、服务者和特定人群的规模与比例				
产业变革性	产业运行模式		组织管理模式、制造模式与商业模式的改变与发展程度				
	产业规模		从业人数、产业集中程度、市场规模和经济价值等指标大小				
	产业结构		产品比例、服务形态和产业结构的变化程度				

第二轮问卷调查共回收 178 份有效问卷,回收率接近 20%。按照"技术得分"和"入选次数"两个序列,对技术进行排序,再结合院士增补的 29 项技术,经过筛选后,形成初步的"技术备研清单"(现有 26 项)。后续将开展企业研讨、双创群体研讨与其他形式的调研,确定最终的"技术备研清单"。

可以看出,该研究从研究引发产业变革的颠覆性技术的内涵、建立引发产业变革的颠覆性技术的指标评价体系入手,通过两轮问卷调查,依托院士与专家智慧,逐步从 313 项"技术选项清单"中定性遴选出 165 项"备评技术",再从这 165 项"备评技术"中定量遴选出 26 项"备研技术"。针对引发产业变革的颠覆性技术的内涵与遴选所开展的逐步聚焦、定性定量相结合的研究方法,是对颠覆性技术与产业变革规律把握与理解的一种初步探索,也为研究后期开展技术预测奠定基础。

5.4.4　典型案例 3——中国制造 2025

《制造强国战略研究》是中国工程院会同工业和信息化部、国家质量监督检验检疫总局(现国家市场监督管理总局),从 2013 年至 2014 年联合组织开展的重大咨询研究项目。该研究特邀中国工程院主席团名誉主席徐匡迪院士、工业和信息化部苗圩部长、中国工程院常务副院长潘云鹤院士、原机械工业部副部长陆燕荪担任顾问，由中国工程院院长周济院士和朱高峰院士担任组长，组织 50 多位院士和 100 多位专家共同参与研究工作（制造强国战略研究项目组，2015）。

5.4.4.1　研究内容

《制造强国战略研究》紧紧抓住我国实现从制造大国到制造强国发展中亟待解决的重大问题，包括制造强国评价指标体系、制造业创新驱动发展、制造业质量提升、制造业绿色发展、制造业体制机制改革以及制造业服务化等，设置一个总体组和六个综合课题组，同时考虑到制造业涵盖范围广泛，该研究按照制造业主要行业，拓展到机械、航空、航天、轨道交通、船舶、汽车、电力装备、信息电子、钢铁、石化、纺织、家电、仪器仪表十三个领域，进一步研究各行业领域实现制造强国的发展战略。

5.4.4.2　研究思路

《制造强国战略研究》按照"总—分—总"三个阶段来推进：第一阶段从 2013 年 1 月至 2013 年 6 月，主要是各个综合课题组率先开展研究，总体组在汇集各综合组前期成果的基础上形成阶段性研究成果，并向各领域课题组提出统一研究大纲和研究要求；第二阶段从 2013 年 6 月至 2014 年 6 月，各领域组按照总体组提出的研究大纲，结合本领域实际情况，深入开展本领域的研究工作并形成领域研究报告；第三阶段从 2014 年 6 月至 2014 年 12 月，各综合课题组根据各领域组反馈的阶段性研究成果，进一步修改完善综合课题报告，同时，总体组在与各综合课题组及各领域组的沟通的基础上，形成研究综合报告，上报党中央国务院。

5.4.4.3　研究方法

（1）实地调研。制造强国战略研究组从 2013 年 1 月启动以来，先后奔赴广东、贵州、天津、浙江、江苏、山东、辽宁、黑龙江、陕西、安徽、福建、湖北、重庆、河南等省（直辖市），与当地政府领导、行业协会及企业代表就制造业转型升级展开了深入交流和座谈，同时还组织专家赴德国等国家开展考察调研。在此基础上，研究组多次召开研讨会，分阶段召开4次大型成果交流会，在全国各地开展学术报告8次，数千名专家学者、企业人员、政府官员参与研究活动。

（2）广泛咨询。在研究中，高度重视加强咨询团队建设，积极构建"强核心、大协作、开放式"的咨询队伍体系：一方面，充分吸纳院士研究团队及来自政府、企业、高校、科研院所、行业协会、学会等的专家，形成涵盖工程科技、经济、社会、人文等不同学科领域的专家队伍；另一方面，研究组专门成立制造业研究室，聘请专职研究人员，负责推进研究工作，保障研究顺利进行。

（3）科学研究方法。在研究中，十分注重科学研究方法和先进手段的运用和推广，鼓励各个课题组和专题组采用路线图、问卷调查、建模计算、案例调查分析等科学方法，将需求、市场、技术、产业政策结合起来，科学分析，量化评估，更科学、更有效地反映制造业发展趋势。同时，该研究突出工程科技特色和优势，围绕核心技术、关键装备、重点产业集中力量开展研究，实事求是地提出明确、具体、可操作性的工程化解决方案，为决策提供科学依据。

5.4.4.4 《中国制造2025》

经过系统深入的调查研究，提出了我国跨入制造业强国行列的"三步走"战略目标，提出实现制造强国必须遵循的"创新驱动、质量为先、绿色发展、结构优化、人才为本"的发展方针，以及实现实施制造强国战略的8项战略对策，并提出要牢牢坚持发展制造业不动摇，要加紧研究制定《中国制造2025》，作为动员全社会力量建设制造强国的总体战略，加快打造中国制造升级版，为我国在2025年迈入世界制造业强国行列提供科学指引（国家制造强国建设战略咨询委员会和中国工程院战略咨询中心，2016）。

1）遴选准则

《中国制造2025》选择重点领域的准则：一是对国民经济、国防安全、科技进步和人民幸福安康有重要意义；二是其发展单靠市场还不够，需要政府重点扶植。由此重点领域可分为两类。第一类是优势产业。与国际强国水平比较接近，如能针对存在的短板采取有力对策，到2020年可率先实现突破，进入强国行列，到 2025 年处于世界领先地位，如通信设备、轨道交通装备、电力装备、航天装备、船舶。第二类是战略必争产业。与国民经济、国防建设、科技进步和人民生活休戚相关，虽与国际先进水平存在较大差距，也必须加大支持力度，缩短差距，保证自主可控，如集成电路及专用装备、高档数控机床和机器人、航空装备、节能与新能源汽车、农业装备、新材料、生物医药及高性能医疗器械。无论是优势产业还是战略必争产业，既要发挥市场在资源配置中的决定性作用，也要发挥社会主义可以集中力量办大事的制度优势，予以重点支持、突破。

2）重点领域

国务院组织编制并于 2015 年 5 月正式发布了《中国制造 2025》，对我国制造业转型升级和跨越发展做了整体谋划，提出了我国制造业由大到强"三步走"的战略目标，明确了建设制造强国的战略任务和重点，是我国实施制造强国战略的第一个十年行动纲领。《中国制造 2025》提出要"瞄准新一代信息技术、高端装备、新材料、生物医药等战略重点，引导社会各类资源集聚，推动优势和战略产业快速发展"，明确为十大重点领域，分别是：新一代信息技术产业、高档数控机床和机器人、航空航天装备、海洋工程装备及高技术船舶、先进轨道交通装备、节能与新能源汽车、电力装备、农机装备、新材料、生物医药及高性能医疗器械。

十大重点领域可分为四个方面（图 5-8）：一是新一代信息技术产业，它是新技术革命和产业变革的引领者；二是高端装备，包括高档数控机床和机器人、航空航天装备、海洋工程装备及高技术船舶、先进轨道交通装备、节能与新能源汽车、电力装备、农机装备，它是国民经济和国防安全的脊梁；三是新材料，它是国民经济的基础；四是生物医药及高性能医疗器械，它是人民健康的保证。可以看出，十大重点领域中，七个是高端装备。也就是说，高端装备是核心，是重中之重，十大重点领域的核心是要在高端装备方面取得突破发展。《中国制造 2025》提出的大力培育和发展高端装备制造业，是提升我国制造业竞争力的必然要求，对于实现由制造业大国向制造业强国转变具有重要的战略意义。

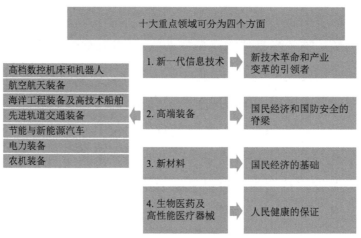

图 5-8　十大重点领域的划分

3）技术路线图

为指明十大重点领域的发展趋势、发展重点，引导企业的创新活动，特编制这些领域的技术路线图，路线图的编制工作委托中国工程院负责，于 2015 年 4 月中旬启动，动员了 48 位院士、400 多位专家及相关企业高层管理人员参与，广泛征集了来自企业、高校、科研机构和政府有关部门的意见。例如，汽车领域技术路线图编写组，由中国汽车工程学会组织，来自中国汽车工业协会、骨干企业、高校和科研机构的 89 位专家参与了讨论和编写工作，对节能汽车、新能源汽车和智能网联汽车的技术发展方向和发展路径进行了讨论，取得了共识，并绘制了技术路线图。此外，考虑到重点领域涉及面较广，为便于编制和使用技术路线图，将十大重点领域细分为 23 个优先发展方向①。

5.5　本 章 小 结

本章主要描述国内相关组织或项目的科技优先发展领域遴选案例（表 5-8），国家自然科学基金委员会、中国科学院、科技部、中国工程院选取典型案例进行阐述。其中，从国家自然科学基金委员会选取了从"九五"到"十四五"规划的优先发展领域遴选案例；从中国科学院选取了战略性先导科技专项的优先

① 《〈中国制造 2025〉重点领域技术路线图（2015 年版）》发布[J]. 机械工业标准化与质量，2015，（12）：7.

表 5-8　国内优先发展领域遴选实践总结

主体	案例	模式	参与者	方法	依据	流程
国家自然科学基金委员会	国家自然科学基金委会"十五"发展规划	自下而上	国家自然科学基金委员会各学科部专家等	头脑风暴法、专家研讨法等	—	国家自然科学基金委"十五"发展规划通过九华论坛反复研讨达代确定优先发展领域,要求每个小组由一个学科部牵头,四个学科部参与,且各科学部需要做大量会议的准备工作,具体如下: 1. 论坛前期准备:九华论坛的研讨分为四个小组分别进行优先发展领域遴选,若没有专家则不可在该领域挂牌名。此外,在开会前各小组要做大量的准备工作,包括上报论坛主席和专家组信息,准备拟研讨的优先发展领域,且不可过于集中,需要尽量分散 2. 论坛研讨流程:九华论坛分组讨论会为期两天,第一天为大会报告,第二天上午分为四个小组分别讨论,并要求各小组讨论后分别形成共识,第二天下午四个小组向大会分别汇报初步讨论结果,再在大会上进行深入研讨,最终选出国家自然科学基金委"十五"发展规划的优先发展领域及相应方向
中国科学院	中国科学院战略性先导科技专项	自下而上与自上而下结合	科学家、政府有关部门、相关行业主管部门专家和企业专家等	专家研讨法、专家咨询法等	强化导向、示范引领;创新机制、协同攻关;权责明晰、分类管理;造就人才、建设高地	1. 提出立项建议:中国科学院相关业务局根据优先战略领域和国家重大需求、发展规划纲要和相关战略研究的成果等提出拟立项建议,形成政策规划遴选报告。 2. 征询意见:中国科学院相关业务部和国内外专家委员会进行多轮征询意见,策划遴选报告、立项建议及咨询意见报告。 3. 分管院领导审定:立项专项经分管院领导审定后,转呈发展规划局提交学术委员会审议。 4. 学术委员会评议:发展规划局在收到业务局报送相关材料的2个月内,支撑院学术委员会评议,就拟设立的先导专项开展专项咨询评议。 5. 院长办公会立项:就论证立项,院学术委员会的咨询评议结果由发展规划局按程序提交院长办公会议审议立项。 6. 编制专项实施方案:中国科学院相关业务局根据院长办公会议决议的前提下,组织求证立项,立项专项启动,采用开放竞争的方式,汇聚最优势力量,编制专项实施方案,确保重大科技资源的高效使用。 7. 论证实施方案:中科院相关业务局会同学术委员会(优先从院学术委员会专家中遴选)和那能局对先导专项实施方案进行综合论证。 8. 编报经费概预算:相关业务局根据论证意见修改完善相关专项实施方案,组织编报专项经费概预算。 9. 院长办公会议审议通过:专项正式启动,相关业务局和财务局将实施方案论证和概预算评审结果,提交院长办公会议审议,相关业务局和条件保障与财务局共同以院文形式,发布专项立项通知

续表

主体	案例	模式	参与者	方法	依据	流程
科技部	国家科技重大专项	自下而上与自上而下结合	发展改革委、财政部、科技界、社科界和管理界专家等	专家访谈法、专家研讨法、问卷调查法等	经济社会发展的重大需求、突出关键共性技术、解决制约经济社会发展的重大瓶颈问题、体现军民结合、切合我国国情等	1. 提出选题：由战略研究专题小组在对研究确定重点领域与优先主题的基础上，自下而上、凝练出战略性的重大专项选题，每个小组提出1~5个不等的选题；由重大专项论证组自上而下提出重大专项选题，充分体现国家意志。2. 讨论、修改、筛选选题：经过讨论筛选出重大专项选题。3. 审议通过选题：规划纲要草案经审议后通过，纳入规划纲要草案中，在重大专项选题方向、审议通过选题中筛选下领16个重大专项，确定16个重大专项，逐项启动实施论证
	国家重点研发计划	自下而上与自上而下结合	重点专项实施方案编制参与推荐的专家等	专家咨询研讨等	重点资助存在长期需求的重大社会公益性研究、与国家安全、产业的创新与竞争能力相关的科学研究、一些核心产品与技术的开发、具有关键意义的国际科学技术项目的合作等，加大横跨多个部门、产业、区域的研究开发以及协同创新力等	在科技部的带领下，将自上而下和自下而上有机结合起来，联合地方以及相关部门提出我国核心研究开发领域的整体需求。按照审计划通过的整体任务布局，制定重点专项，相关机构提交审议以后，向相关专家人员对重点专项实施方案进行编写
中国工程院	中国工程科技中长期发展战略研究	自下而上与自上而下结合	中国工程院院士和中青年专家	专家研讨等	缓解瓶颈制约、增强发展能力、提升民生质量	1. 分析发展趋势。对目前各国在工程科学技术领域内所展示出来的新特色进行分析，在此基础上，提出工程科学技术领域的核心发展趋势。2. 概括战略需求。在对2030年社会发展的视角下，分析我国工程科学技术状况进行分析的基础上，概括我国社会经济发展对工程科学技术的战略需求。3. 明确战略定位方向。以国家支撑为切入点，提出相应的发展目标，提出我国科技综合实力提升的要求。4. 提出战略任务。结合我国的发展战略，该战略构想与我国转变经济发展模式、推动社会经济长足与和谐发展的要求密切结合，将总体战略需求和科学技术要素紧密切合起来，提出了12个优先发展的领域
	引发产业变革的重大颠覆性技术预测研究	自下而上与自上而下结合	相关院士与专家等	问卷调查等	技术需求性、技术提升性、技术成熟度、产品突出性、制造成熟度、制约因素、民众生活、生产资料、受益群体、产业运行模式、产业规模、产业结构	首先从技术与产业有机结合的视角提出了引发产业变革的技术含义，并构建相应的指标评估体系。基于首轮问卷调研，采用定性研究方法筛选出160项技术，随后基于指标评价体系下一轮问卷调研中重点筛选出20项技术，为技术与产业变革之间的协同提供技术支撑

续表

主体	案例	模式	参与者	方法	依据	流程
中国工程院	制造强国战略研究:中国制造2025	自下而上与自上而下结合	相关院士与专家等	实地调研、路线图、问卷调查、建模计算、案例调查分析等	对国民经济、国防安全、科技进步和人民幸福安康有重要意义;该领域的发展单靠市场还不够,需要政府重点扶植	制造强国战略研究按照"总—分—总"三个阶段来推进: 1. 从2013年1月至2013年6月,主要是各个综合课题组率先开展研究,总体组在汇集各综合课题组前期成果的基础上形成各领域课题组提出的统一研究大纲和研究要求。 2. 从2013年6月至2014年6月,各领域组按照总体组提出的研究大纲,结合本领域实际情况,深入开展本领域的研究工作并形成研究报告。 3. 从2014年6月至2014年12月,各综合课题组根据各领域组反馈的阶段性研究成果,进一步修改完善综合课题报告,同时,总体组在与各综合课题组及各领域组的沟通的基础上,形成研究综合报告,上报党中央国务院

发展领域遴选案例；从科技部选取了主要介绍其涉及优先发展领域遴选的科技计划和我国科技发展规划编制中优先发展领域遴选的一般案例；从中国工程院主要选取中国工程科技中长期发展战略研究、引发产业变革的重大颠覆性技术预测研究及《中国制造 2025》的优先发展领域遴选案例。在以上案例中，重点进行机构的组织机制和遴选流程介绍。

第6章 科技优先发展领域遴选的思考与启示

6.1 我国科技优先发展领域遴选工作待改进之处

结合国内实践案例，我国科技优先发展领域遴选工作取得了很多成果，在当时阶段发挥了应有的作用。但匹配我国科技强国建设的要求，仍有需要改进和完善之处。总结我国优先发展领域遴选中存在的问题。从国内实践案例来看，目前的国家科技计划和重大项目选题立项工作大多由行政主管部门完成，决策咨询的科学化、法制化、制度化方面还不够健全，具体体现在以下几个方面。

6.1.1 决策咨询机制有待进一步完善

作为国家行政机关实现科技资源配置的重要手段，科技选题立项工作对国家的建设与发展具有重要的现实意义。然而，目前我国的咨询体系还不够完善，中国科学院、中国工程院、国家自然科学基金委员会、科技重大专项各自有相应的咨询系统，咨询体系依据每项具体工作分别进行设计，定位不够清晰。此外，独立性是咨询活动顺利开展、咨询结论客观公正的重要保障，但目前我国咨询机制的行政依附性强。整体来看，我国的咨询制度建设较弱，咨询结果的公正性和合理性有待加强。

6.1.2 专家遴选制度亟待规范

专家作为咨询的评议主体，对于咨询结果的质量具有重要影响。目前，在我国各种科技创新重大选题咨询过程中，科学规范的专家遴选制度不够健全，缺乏专家遴选原则、标准、程序、专家结构、审定方式，遴选的科学性、公正性和权威性亟待规范。部分需要多角度专家观点的科技优先发展领域遴选中，只纳入支持该领域的专家，缺乏多方博弈。

6.1.3　统筹协调机制亟待健全

目前，我国有多种类型的科技计划和专项基金，但从运行效果看，统筹协调作用尚需加强，具体表现在以下几点。

（1）新启动科研任务和已有科研基础统筹衔接不够。相关研究内容前期一般都接受了不同强度的国家资助，研究团队、软硬件科研条件及技术储备等方面已具备一定的基础，但新启动科研任务对此考虑不够，衔接不足。

（2）跨部门会议"议大事、真议事、能决策"作用发挥不够。从跨部门会议运行情况看，部门和局部利益平衡难度大，"分资源、争地盘、抢山头"的倾向比较明显，如此发展下去，势必弱化、矮化、分化联席会议的"统筹协调"职能，最终存在沦为新一轮"排排坐，分果果"的风险。

6.1.4　科技短板亟待聚焦

目前，我国技术供给与需求的结构性矛盾突出，关键领域核心技术的突破对于推进供给侧结构性改革具有重要的作用。然而，我国目前投入的科技资源力量过于分散，对于关键领域核心技术的关注度不够，未能聚焦制约国家科技发展的瓶颈和短板，不利于国家掌握竞争和发展的主动权。据有关方面反映，相关管理部门在征集需求后，自行组织专家开展任务"凝练"，过程不公开、不透明，"凝练"出来的结果"头大身子小"，目标发散，"凝心聚力"不够，不少是夹杂着利益的"什锦拼盘"，难以体现世界科技发展大势和国家战略需求。

6.1.5　长期基础研究亟待规划

基础研究是科技发展的重要源泉，也是未来科学和技术发展的内在动力。作为一个快速发展中的国家，我国尤为强调基础研究的重要性，通过进行基础研究来解决未来发展中的关键问题和瓶颈。然而，我国目前的基础研究缺乏长线布局和灵活柔性的调节机制，不利于我国基础学科的稳步发展。

6.1.6　科技供给能力亟待分析

目前，我国的技术创新能力不足，很多行业的关键核心技术主要依赖于进口，科技供给与国内经济社会发展的需求已存在一定差异。然而，我国在选题决策过程中缺乏对科技供给能力进行深入分析，容易出现科技战略目标过高的情况，导致科技发展的客观规律和科技供给与需求的实际情况相脱离。

6.1.7　资源配置机制亟待完善

科技资源是科技活动的物质基础，是创造科技成果、推动整个经济和社会发展的重要保障，其合理有效的配置在国家经济发展过程中具有举足轻重的地位。然而，目前我国中央层面科技计划实施周期不一，科技重大专项为 12 年，其他一些科技计划为 5～10 年不等，实施这些科技计划需要巨大的财政投入。

6.2　政　策　建　议

随着经济社会的快速发展，中国对科技投入的力度日益增强。然而，国家可以投入的资源毕竟有限，任何国家都很难保证在所有学科领域上均具有优势。因此，必须对学科的发展进行长远规划（张玲玲等，2006），选择中国经济和社会发展中亟待解决的问题，作为学科发展的优先或重要领域和方向，给予重点支持，以更好地引导科学家围绕学科前沿和国家战略需求开展探索和创新研究。由于科技管理体制和历史背景等方面的差异，各国在科技优先发展领域遴选中各有侧重。从对国外案例进行的详尽分析和总结中，可以获取一些重要的启示和参考，从而更好地为我国科技优先发展领域遴选提供借鉴。

6.2.1　建立联动科技决策咨询网络，完善科技决策咨询机制

目前，我国各科技咨询组织各自设计自己的咨询体系，导致不同组织之间存在沟通和协同的难度。建议建立统一的咨询体系，将所有咨询工作统一起来，形成一个联动的科技咨询网络。同时，提高咨询组织的独立性，减少行政干预，增强咨询结果的公正性和合理性。例如，可以设立一个独立的科技咨询委员会，由行业专家和学者组成，负责对科技优先发展领域遴选提供独立的评估和建议。

鼓励公众参与科技决策过程，通过公众听证会、网络咨询等形式，广泛听取公众对科技优先发展领域遴选的意见和建议。

6.2.2 合理选择专家，提升遴选有效性

我国在科技优先发展领域遴选过程中，应考虑合理的专家遴选方法来选择多样化的专家群体，应尽可能地构建一个跨学科、多领域的专家团队，确保每一个重要的领域、行业和利益群体都有代表，既包括学术界的专家，也包括企业界的精英和政府部门的代表，其深度和广度能够为政策立法提供全方位的支持。同时，所选专家既要在该专家所在的学科领域拥有资深的学术造诣，还要关注战略领域层面，最好是通才型的战略科学家。这种多样化的专家群体能够确保从各个角度、各个层面对科技优先发展领域进行全面的评估，避免一视同仁或片面之见，更加客观和公正地决定哪些科技领域是国家当前需要优先发展的。

欧盟委员会在制定新的欧洲立法提案和管理欧盟日常事务的过程中，就注重专家团队的多样性和均衡性。专家组不仅包括了科学家和学者，还兼顾了来自国家政府的权威、产业界的精英，以及民间团体和利益集团的代表。这样的构成让专家组有能力全面地反映和代表不同的专业领域和利益群体，保证了立法提案的科学性和公正性。同时，欧盟委员会还非常注重每个专家组的具体任务和需要的特殊专业知识。他们在遴选专家的时候，会穷尽全力找到最适合完成特定任务、具有相关专业知识的专家，这样既可以保证高效率的工作，也可以保证高质量的结果。我国在科技优先发展领域的遴选工作中，可以借鉴欧盟委员会的这一做法，通过合理的专家遴选方法，选择多样化的专家群体，兼顾各类专家和利益群体的意见，合理地进行科技优先发展领域的评估，助力我国科技事业的跨越式进步。

6.2.3 建立健全商议决策机制，加强跨领域跨部门的统筹协调

在部署科研任务时，应当明确规划专项科研任务，减少交叉和冗余。可以基于先进的数据分析和管理系统，使所有相关的利益相关者明确各自的责任和工作范围，从而提高协同工作的效率。

为了有效地衔接新启动的科研任务和已有的科研基础，建议引入一个全面的项目管理体系，在所有阶段跟踪和监控任务的进度，以确保新的科研任务与已有的基础无缝对接，保持遴选项目的连续性和一致性。

提高跨部门会议的效率，可以引入结构化的决策制定流程，将所有重大问题和决策进度贯穿整个会议。此外，每次会议应有明确的目标，并在必要时邀请专家来提供专业意见，以确保会议能解决大问题，真正体现其决策作用。

6.2.4　高效集中科技资源力量解决国家重大需求问题

通过多种方式，将科技资源用在最需要的领域，以最大化科技投入的效益。

（1）优化人才资源投入。培养和引进高端科技人才。在国家重大需求领域，建立完善的人才引进机制，通过高薪聘请、优厚待遇等方式，吸引并留住国内外顶级科研人才。同时，优化我国的科研教育体系，提高本国科研人才的培养质量，并适当引导人才研究领域的选择。

（2）优化资金资源投入。通过设立科技基金，将更多的资金投入集中在关键领域和科技短板上。可以通过政府直接出资，也可以通过引导社会资本投入这些关键领域。

（3）优化物力资源投入。例如，设备等物力资源是科研工作的基础，应该在各领域的关键科研机构和项目中，优先配置先进的科研设备。

（4）优化信息资源投入。在关键科技领域，加强硬件方面的信息基础设施建设，同时加强对传统设施的数字化改造，整体提高支持科技创新的信息化水平。促进信息共享，深度挖掘信息价值，并强化信息安全。

6.2.5　优化遴选方法，确保研究科学性

我国在科技优先发展领域遴选过程中可以考虑利用定量与定性综合分析的方法遴选科技优先发展领域，避免遴选结果过于主观，同时有利于增加遴选结果的科学性和可信性。

例如，英国研究理事会是在英国成立了生物技术及生物科学研究理事会、艺术及人文科学研究理事会、工程及自然科学研究理事会、经济及社会科学研究理事会、医学研究理事会、自然环境研究理事会和科学及技术设施理事会七

个研究理事会之后，为了应对激烈的科技竞争，消除涉及多学科和跨理事会科学研究在制度和体制上的阻碍这一背景下成立的，通常七个理事会各自独立管理并分别向议会负责，是独立法人，因此英国研究理事会在英国开展重大科研活动时扮演了不可替代的枢纽作用。英国研究理事会发布的数字经济计划用于协调和资助关于未来社会经济、医疗健康和文化领域的数字技术研发，该计划是利用平衡能力分析方法来确定优先领域。平衡能力分析方法是建立在证据搜集基础上的遴选方法，主要包括三大部分：一是搜集证据，搜集与优先领域相关的证据和信息，这些信息具体涉及工程科学、物理科学以及数学科学等领域；二是确定宏观研究方向，优先领域要与英国整体的研究方向相契合；三是审查相关证据，定期审查有关研究领域的证据和信息，并考虑研究领域的战略方向是否需要在现有证据基础的背景下进行更新，最后将已搜集证据和信息进行分析和整合，智能化地形成未来资助组合方向。

再如，美国国家研究理事会在遴选 2015～2025 年海洋科学优先发展领域过程中，根据层次分析法排序备选领域。首先按重要性及权重来设置遴选准则，然后依次衡量候选清单上的备选领域（每次只依据一项准则），最后将各准则的分析结果进行汇总形成优先领域。该机构使用的遴选准则按重要性依次为：潜在变革性、社会影响力、成熟度和潜在合作伙伴。遴选准则的设置建议，主要来自美国国家科学基金会的项目管理人员、与海洋科学研究优先发展领域相关的美国国家研究理事会报告以及多机构的联合报告。

6.2.6　明确遴选标准及原则，促进科技优先发展领域遴选的有效性

在遴选科技优先发展领域过程中，应考虑以下遴选标准：该领域有哪些潜在的应用价值；从该领域中产生的新知识是否可以对其他领域产生影响；该领域是否综合考虑学术界、产业界、政府的相关需求；该领域是否可以为合作关系创造机会、增加该领域的研究投入；该领域是否有相关基础设施、是否有相应的学术积累（包括知识积累、人才队伍等）。

此外，遴选科技优先发展领域时要提前确定好遴选原则。其一，注意科技优先发展领域的延续性。要使某个领域获得领先地位，持续的投入具有一定的必要性，因此在科技优先发展领域遴选时需要充分考虑前一轮科技优先发展领

域遴选结果的延续性，使得有一定学科基础的领域得到持续支持。其二，合理设置备选科技优先发展领域的范围。对科技优先发展领域的考虑范围应广泛，避免仅限于专家本人的学科或研究兴趣，容易造成局限。

6.2.7　结合技术情况，合理化投资结构

我国在科技优先发展领域遴选过程中应结合实际情况，分析哪些领域的技术是非常关键且未来必需使用的技术、哪些领域的技术能够显著提升任务性能或对现有技术的性能进行改进、哪些领域的技术是革命性的技术。同时，还要综合技术的风险情况进行遴选，当有待开发或继续开发的技术较少时，通常面临的风险可能会较小。例如，美国国家研究理事会在 2015～2025 年海洋科学优先发展领域遴选过程中，设置成熟度这一遴选准则，主要关注某领域是否具有较高的成熟度，即对问题的表述是否清晰，解决问题是否有现成的工具和基础设施，是否有充满活力或不断壮大的研究群体以及现成的合作伙伴，是否可以快速启动研究等。

此外，我国在科技优先发展领域遴选过程中还可以充分考虑可能的合作关系，通过科技优先发展领域的研究吸引合作兴趣方，从而不断增加该领域的研究投入，扩大研究成果的应用范围，提高投资效率。例如，美国国家研究理事会是美国国家工程院、美国国家科学院和美国国家医学院具体从事科学技术研究和业务活动的机构，既接受国家三个学院的指导管理，又保持其独立的研究体制并相互进行协作。在梳理 21 世纪海洋科学重要进展的基础上，该理事会为美国国家科学基金会遴选了 2015～2025 年海洋科学优先发展领域。在遴选过程中，该理事会充分考虑领域的潜在合作可能，如考虑除美国国家科学基金会之外其他联邦和州立机构、私人基金会、产业界和国际组织等对海洋科学基础和应用研究感兴趣的组织，分析该领域是否能够吸引这些合作兴趣方，是否能得到不断增加的研究资助经费和额外的技术工具或基础设施，以增加更多的研究专业知识或实物资源，或将相关研究成果在私营部门中得到应用。

6.2.8　监控结果实施，加强遴选可行性

完成科技优先发展领域的遴选工作后，实施监控结果是至关重要的步骤。

这涉及对遴选结果在不同实施阶段的全面控制和管理，目的是确保遴选方案具有最大可能的可行性和有效性。

在实施过程中，需要设定实际可行的目标，并对每个阶段的实施结果进行评估。这样不仅可以持续跟进遴选工作进展，同时也有助于及时发现和解决可能出现的问题。此外，通过引入健全多元化的评估体系，还可以从更多角度对实施结果进行客观评价、监控遴选工作的各个环节。

同时，还应建立有效的评估反馈机制。这并非单一的评分或打标签，而是可以反馈到具体操作、改善工作流程、可以提供决策依据的全面评估反馈。例如，以美国科技优先发展领域遴选为代表的"目标-结果"导向型全生命周期遴选模型，其中就强调了对结果进行监控的必要性，以及多元化评估体系和评估反馈机制的重要性。

6.2.9 评估以往科技优先发展领域遴选成效，掌握各领域存在的差距

我国在科技优先发展领域遴选工作开展前可以首先对上一时期的优先发展领域遴选效果进行评估，以掌握现阶段的发展情况，明确各领域存在的差距或面临的问题，由此识别可能的机会领域或者需要提升的领域。例如，日本综合科学技术创新会议是日本关于科学技术的最高决策咨询机构，负责制定以五年为周期的《科学技术基本计划》（后修订为《科学技术创新基本计划》，用于指导日本未来五年的科技发展，类似于我国的五年科技规划。在第四期《科学技术基本计划》重点研发领域的遴选过程中，日本综合科学技术创新会议首先对上一期基本计划的实施情况进行回顾总结，并发布相应的回顾报告，分析该时期各项战略、政策的落实情况及存在的问题，由此制定新一期基本计划的重点研发领域。

6.3 本 章 小 结

本章内容主要总结国内外科技优先发展领域遴选的实践，对国内外科技优先发展领域遴选的共性特点进行梳理，在此基础上为我国科技优先发展领域遴选提出相关管理和政策建议。

附件1 国家自然科学基金委员会"九五"至"十四五"优先资助领域

国家自然科学基金委员会"九五"优先资助领域

数理科学部

一、介观系统物理

介观系统电子输运的新的量子效应，如量子扩散区的 A-B 效应，电导涨落和弹道输运、库仑阻塞等探索现有固体器件物理极限的突破；研究新一代固体量子器件的物理原理（如电子波器件、单电子器件等）；研究原子尺度的结构表征；介观尺度的微细加工技术。

二、粒子物理、天体物理和宇宙学中的重要科学问题

粒子的性质；粒子物理的标准模型和非标准模型；守恒律和对称性；宇宙的形成和演化；宇宙大爆炸模型的探讨和检验；反物质、暗物质及引力透镜。

三、复杂系统和复杂性理论

团簇、高分子和生物分子等复杂物质系统的结构和动力学过程；重大工程系统的力学模型、协同和控制理论；生命过程的数学模型和物理机制；环境变化的数理模型。

四、现代计算科学、信息科学及金融经济学中的数学

计算方法；数值分析；计算复杂性；优化理论；代数编码理论；小波分析及信号传输；随机分析和随机最优控制；不动点类理论及统计分析。

五、光物理和光子学物理基础

光的产生、传输、光电转换的物理过程和机制；光与原子、分子、等离子体及凝聚态物质相互作用的过程和特性；光通讯、光与化学、生物学交叉科学前沿基本问题。

六、等离子体物理与受控核聚变的基本物理问题

磁约束、惯性约束核聚变能源的基本问题探索；等离子体材料改性、等离子体刻蚀、等离子体聚合等方面所涉及的等离子体与物质的相互作用；等离子体源的特性；等离子体与电磁波相互作用；等离子体诊断。

七、现代数学

数学机械化；数论及算术代数几何；现代拓扑；整体微分几何及几何分析；群与代数的表示理论；复分析与复几何；常微分方程与动力系统；调和分析与微局部分析及在偏微分方程中的应用；非线性发展方程；现代数学物理；泛函分析与算子代数；计算机科学的数学基础；科学与工程计算；无穷维随机分析；现代统计。

八、湍流与控制

湍流相干结构与控制；湍流模式理论及应用；湍流的直接数值模拟和格子气方法；流动稳定性理论与转捩问题；湍流实验方法和统计理论；湍流与非线性科学的关联。

九、复杂流动

旋涡和分离流的生成、演化及控制；激波、涡系、自由面、界面之间的相互作用；高温、热、化学非平衡流；非线性水波动力学和水气微相互作用；多相流、非牛顿流和渗流；流团耦合。

十、宏、细、微观本构理论与破坏过程

从宏、细、微观三个层次上分析材料变形、损伤、破坏的全过程；细、微观实验力学和技术；微力电系统耦合力学；多层微结构、界面力学和材料的稳定性。

十一、力学系统的建模与计算

非线性动力系统；复杂大系统的运动稳定性；大型非线性问题的计算离散化方法和理论；大规模结构优化新方法；近代计算技术和计算方法。

十二、核物理、核技术和有关实验设备的基础研究

极端条件下核物质状态及新规律研究；强子结构、强子互作用，奇特夸克胶子系统，重子介子混合物质、奇异物质等性质研究；核物质向夸克胶子等离子体转变的条件、特征和规律研究；重离子物理、放射性束物理、新核素合成及其性质研究；核分析技术、核成像技术、同位素技术、加速器技术、载能粒子束技术研究及其在能源、医学、环境、生命、材料、农学、地学、考古等应用研究。

十三、理论物理

粒子物理的标准模型检验和非标准模型探索；拓扑量子场论；引力量子化、宇宙暗物质本性和对称性破缺的缘由；强关联多电子体系、微结构体系的量子力学和量子统计；理论生物物理。

十四、原子分子结构和动力学

高激发态、高离化态原子、分子的量子结构；原子分子的特殊环境效应，强场、稠密、高温对原子分子性质的影响。

十五、高温超导

更高临界温度超导体的探索；高温超导电性的起源和强相关电子系统的研究；高温超导体磁通点阵动力学的研究。

十六、低维凝聚态物理

超晶格微结构、量子阱和小量子系统物理；薄膜、多层膜、表面界的结构和物理性质。

十七、液态物理

液态物质的微观结构及其随外界条件或组分的变化；液态物理性质与结构、电子态及组分的规律。

十八、超声、水声中的前沿物理问题

新型材料性能的超声评价和声化学与声悬浮对材料制备的应用；生物膜活性的激化和软组织特性的识别；大洋水温测量。

十九、太阳物理

太阳内部结构；核反应过程的中微子亏损；表面磁场和速度场；耀斑和射电爆发。

二十、星系物理和恒星物理

星系的形成和演化，星系活动性的起源和活动星系的形成和演化；恒星内部的物理过程；核天体物理。

二十一、理论天体物理

恒星大气理论；中微子天文学；多波段辐射背景和辐射爆发宇宙核合成；极端条件下的相对论性等离子体；极早期宇宙和宇宙膨胀的动力学。

化学科学部

一、发展新合成反应，研究新合成方法，创制新合成试剂，发现新型结构和特定功能的物质

极端条件或缓和条件下的反应及合成；精度合成：手性合成及分离，分子识别指导下的分子设计及合成；"绿色合成反应"研究；低污染农药的合成；酶促合成反应；组合化学合成；生物转化法在合成中的应用。

二、化学反应机理和反应与过程的调控研究

化学反应动力学；催化剂（化学催化与酶催化）对化学反应的调控机理；化工过程中的调控机理研究；开发"环境友好"的催化工艺过程；洁净工艺路线的研究。

三、生命过程中的化学调控机理研究

自由基生物化学及生物抗氧化机理；生物活性小分子在体内的形成、运动、转化及参与的反应和过程；生物高级结构的形成过程及调控机理；膜结构与膜

分子调控功能的机理；生理分子内和分子间电子和离子传递机理；生物体内的反应组合（耦联）与过程调控。

四、天然及合成离分子的形成过程、结构、性能与功能的研究

聚集态的形成、变化及构性关系；精细高分子的合成与结构调控；高分子体系的构筑及性能研究；聚合反应工程的研究；聚合反应过程、机理及与聚合物结构、性能的关系。

五、某些特殊材料的形成过程、结构与功能关系、合成工艺及化学工程研究

仿生复合材料的结构与形成过程研究及模拟；基质表面和基质内的结晶过程和表面控制；纳米复合材料的制备中的化学与工程基础研究；功能性高分子的合成及应用研究。

六、天然资源的化学利用的基础研究

中草药的活性成分研究；中草药成分的代谢过程及代谢物中药理活性研究；海洋生物体内天然化合物及生物功能；纤维素的化学转化及利用研究；稀土资源的提取、分离和利用研究；我国矿物化肥资源的利用的基础研究。

七、化学污染物在环境中的行为、效应及控制

典型化合物在环境和生物体内化学行为的研究；动态分析与形态分析在环境监测中的应用；优先污染物的控制研究；化学过程中有害物质的换代研究；化学污染物的无害化及再利用。

八、能源利用中的化学与化工问题

煤转化过程中的化学与化工研究；天然气、石油结构组成及转化规律的研究；新型、高效化学电源与燃料电池。

九、化学理论研究

化学中的非线性理论；量子化学；化学统计力学；分子力学；分子模拟、分子设计与分子剪裁及组装。

十、测试原理、新测试方法的建立和研究

时间分辨、空间分辨和分子分辨的跟踪监测技术；微观结构信息的测试技术；纳米尺度的分子状态和运动测量；极端条件下的测试技术。

十一、化学工程中基础问题

高效分离过程与技术；膜分离技术；化工过程中非稳态、非线性技术研究；反应—分离一体化研究；化工过程中模型化及集成化研究；生物催化反应与工程研究；特殊条件下的化工过程研究。

生命科学部

一、生物大分子和具有调控作用的生物小分子的结构及其与功能的关系

生物大分子及其复合物和其有调控作用的生物小分子的结构（特别是三维结构）研究、溶液中构象的研究以及它们的结构与功能关系；生物分子特异相互作用（识别）的研究；超分子体系（如生物膜等）的结构与功能的研究；结构和运动性及结构修饰与功能（生物活性）关系；结构的理论计算、预测和功能模拟；结构测定的新技术和新方法研究。

二、细胞的结构与功能

细胞器、细胞骨架和核骨架的结构和功能；细胞的信息及其转导；细胞内蛋白质的分选和运输；细胞周期以及周期的调控；细胞的全能性和细胞分化；细胞社会学（细胞间通信、亲和、运动和细胞程序性死亡的分子机理）。

三、发育的分子机制及基因调控

动、植物发育调控基因及其时空表达；染色质结构与细胞决定和分化状态的维持；多肽生长因子与组织者（Organizer）；细胞对诱导因子的反应能力（Competence）的分子基础。

四、真核生物基因组的结构与功能

基因的表达和调控；新基因的定位、分离及其结构与功能；基因组的信息结构；比较基因组的研究与进化；基因功能研究的新技术和新方法。

五、神经系统的结构和功能

神经信号的突触传递、跨膜转导、离子通道的研究；神经系统发育过程的分子机制、基因调控和再生修复；感觉（重点为视觉和痛觉）的神经基础；学习、记忆的细胞和分子机制；神经内分泌功能的调控；神经系统对免疫功能的调控；某些重要神经疾病的分子、基因水平的研究。

六、免疫应答的细胞和分子基础

免疫细胞的发育及其调控；抗原结构与递呈；免疫细胞的表面分子及其受体的结构与功能；细胞因子及其受体的结构与功能；免疫应答的过程及其调节；免疫耐受及其应用；自身免疫病的发病机制。

七、经济动、植物主要病虫害发生发展规律及控制的基础研究

重要害虫的行为机理及成灾规律；重要病原物（包括寄生虫）的致病机理及其变异；病原物、害虫与寄主互作及协同进化的遗传学机理；抗病虫品种的抗性机理和抗病育种的基础研究；动、植物重要病原的生态学和病虫害种群发生、发展及流行规律；农业有害生物综合治理（IPM）的基础研究。

八、动、植物重要性状的形成机理及其遗传学研究

动、植物（粮、棉、油类作物、林木、畜禽、蚕、海水和淡水生物）的重要经济性状和抗性的形成机理；动、植物重要经济性状及抗性的遗传规律、基因定位、最佳重组和有效表达的研究；植物土壤根区微生物生态及土壤—植物物质交换系统研究；动物营养与生殖生理的基础研究；杂种优势的遗传基础研究；高效育种及重要作物种质资源的基础性研究。

九、保护生物学与持续性生态系统研究

研究生物多样性的演变和发展趋势；保护生物学机理与调控措施；物种适应性和进化潜能的研究；我国动、植物和微生物基础资料的编研和数据的采集；重要生物资源的持续利用；自然生态系统稳定性、多样性与持续性的研究；退化生态系统的重建机理及重建生态系统的稳定性和持续发展研究；不同尺度生物群落模型的研究。

十、创制新药的基础性研究

从天然来源（包括传统方、药、植物、微生物、海洋生物、动物及矿物）和内源性物质中发现具有新结构、新活性、新作用机理的先导化合物和药物；从化学途径及生物途径进行优化先导化合物的基础性研究；药物结构与功能关系；计算机辅助药数分子设计；在细胞及分子水平上的药物作用的机理研究；传统中药复方血清药理学、复方药物动力学研究；中医证和病证结合的药理模型研究；新的筛选体系及实验体系研究；药物制剂学的基础性研究。

十一、我国重要常见疾病的发病机理及基本病理过程研究

我国常见疾病发生、发展及防治的基础研究；我国主要传染病（包括寄生虫病）发病机理及防治的基础研究；炎症等基本病理过程的细胞、分子机理；神经、免疫、内分泌失调诱发疾病发生的机理；衰老及老年性痴呆的机理研究；遗传与疾病；中医药对难治性疾病治疗的基础性研究；基因治疗基础研究。

十二、生命科学中新技术与新方法的研究

观察、检测生命活动快过程历程的高时间分辨率（如微秒、纳秒、皮秒等）技术；提供生命微观真实图像的高空间分辨率（如纳米）技术；无损、实时、微量、动态的生物学、医学测量或监测技术；应用新的物理学技术和方法，进行深层次的生物学研究；培育、改良动、植物品种的新技术、新方法；生物工程中的新技术、新方法；模式系统（特别是调查和收集我国特有的模式生物）的建立与研究。

地球科学部

一、地球表层系统形成机制及各层圈的相互作用

中国不同区域环境系统的特征、演变及全球意义；地表水热平衡、物质与能量转换过程及机制；平流层、中间层和对流层之间的物质、辐射与动力耦合机理；海岸带陆—海、海—气相互作用与近海环流的形成；近海与大洋的物质、热量及动量的交换过程；近海生源要素的生物地球化学过程；冰冻圈的形成演化及其对全球变化的响应与反馈。

二、自然环境的演变过程与发展趋势

青藏高原隆起过程与古季风形成和演变的关系;中国季风区 20 万年以来环境演变机制及其与全球变化的动力学联系;晚新生代海陆相互作用与东亚古季风气候的演变;我国典型地区岩溶发育规律与环境演变;季风活动与 ENSO 的相互作用及东亚气候预测;中高层大气对太阳活动的响应及其对地球环境的影响;日地系统扰动过程及其对近地空间环境的影响;近海典型海域生态系统动力学机制与持续发展预测研究。

三、地球内部各圈层的物质组成、结构及动力学

中国典型造山带的结构、演化及其交接带转换关系与动力学;超高压变质作用与碰撞造山动力学;典型沉积盆地分析与盆岭系统动力学;大陆边缘的组成、结构与演化;下地壳物质组成的不均一性及动力学;现代地壳运动及动力学;壳幔界面性质、深部物质流变及动力学;岩石圈内低速层的分辨、性质、成因与物质组成和在岩石圈形成中的作用;地球内部各圈层的相互作用、地球物理场特征和地球化学示踪体系;地球内部结构、物质状态与运移的深层过程模拟;花岗质岩类和火山杂岩的成因与地壳演化;主要地质历史时期生物演化与环境演变的关系及大陆各板块的拼接过程。

四、可再生资源开发利用的基础性研究

土壤圈物质循环及其与农业持续发展的相互关系;我国西部地区水土资源的合理利用与保护;土地退化生态系统演变及恢复重建;海岸带和河口复杂生态系统结构、功能及其利用与保护;我国水资源合理调配、高效利用及调水的环境效应。

五、不可再生资源的基础性研究

壳幔相互作用、水岩相互作用与成矿机理;生物成岩成矿作用机理与演化;海洋热液活动与成矿作用;能源资源(石油、天然气、煤等)的成因、物质组成和聚集规律寻找盲矿、富矿的地质、地球化学、地球物理和遥感技术的基础理论与方法;复杂地质体探测的理论与技术;新型矿物、岩石材料的合成机理。

六、自然灾害的产生机制与预测

区域主要自然灾害的产生机制与演变规律；地质灾害（地震、滑坡、泥石流等）的发生机制与防治对策；强风暴与暴雨发生机制；风暴潮及海冰监测与预测理论。

七、人—地系统调控与持续发展

人类活动的环境效应与协调发展；湿地生态系统的合理利用与保护；脆弱生态环境系统的形成过程、退化机理与重建；重金属及有机污染物在地表系统中迁移转化机制与调控；高速发展地区资源、环境结构与持续发展；区域持续发展机理与调控。

八、技术支撑系统

地球信息系统的自动化、智能化、集成化应用基础；地球信息数据库及其分析模型；高分辨率测年技术。

材料与工程科学部

一、材料科学前沿基础问题研究

材料界面的结构、物理、化学、力学及界面理论；材料的退化机制与寿命预测；材料设计的基础理论。

二、传统材料性能优化的基础研究

钢铁材料及高温金属材料强韧化；高品质、长寿命耐火材料关键科学问题；高强水泥与外加剂材料研究；高强韧性与耐蚀混凝土材料；材料表面改性。

三、材料复合化的基础研究

多层复合膜功能材料；金属基复合材料；功能梯度复合材料及自生复相材料；聚合物共混物的相容性，形态控制及共混理论；复合材料的微观结构、分子复合与分子自增强复合。

四、先进材料的基础研究

稀土新材料及稀土相图；氢能源材料；新型高强低密度金属材料；耐高温

极限材料；高转换率、低成本、长寿命太阳能光电、光热材料；非线性光学材料；高分子分离材料；液晶离分子材料；药物释放—送达体系高分子材料。

五、材料科学中的新技术

材料检测新技术；外场作用下亚稳相的成相规律及结构控制；现代新技术在超纯（99.99%以上）金属材料制备中的应用；载能束在材料科学中的应用；材料智能制备（Intelligent Processing）新技术。

六、冶金新技术基础

冶金短流程理论与关键技术基础；高功率电弧炉、炉外精炼技术基础；热场、流场、电磁场、多相反应工程学；工程材料现代铸轧理论与近终形连铸技术；电磁、等离子体、生物溶浸等新技术在冶金中的应用研究；有色金属高效、低能耗、少污染分离系统的基础研究。

七、废弃物的再资源化

城市垃圾再资源化；有机废弃物的降解与再生利用；废金属利用与有价金属的深度回收；矿山废弃物再资源化与无废矿山规划。

八、机械科学前沿

纳米机械学；质量工程；高速重载下的传动性能优化；高能束加工技术基础；快速、精密或直接成形技术基础；高性能数控技术基础。

九、工程设计理论与方法

面向工程的广义优化设计；健壮（Robust）设计；并行（Concurrent）设计；智能优化设计。

十、仿生科学在材料与工程中的应用

仿生复合材料；仿生机械与机器人；能源利用中的仿生学；仿生建筑与结构体系。

十一、智能结构与智能系统

工程智能系统基础；土木工程与大型机电设备智能监测、结构增强及振动

控制；电流变技术及应用；冶金系统工程与管理控制一体化研究；智能传感及智能诊断。

十二、新型动力工程中的前沿问题

弯扭叶片联合成型气动热动力学研究；超常热物理测量基础研究；动力工程工质热物性研究；大型与精密工艺过程中的热物理问题；生物过程中的热物理问题；特殊正反热力循环及总能系统基础研究；能源利用中高温净化热物理过程研究；干燥工艺过程中工程热物理问题。

十三、电工科学中的新技术基础及应用

电工新技术基础及其在电力、交通和工业中的应用；新型输电方式（FACTS 等）的研究；百万伏级输电系统中的关键问题；高电压新技术基础及其应用；电磁兼容（EMC）基础和电磁干扰防护；大型电力系统优化及动力经济学。

十四、水、土建工程的新设计理论

新型水工建筑物的静、动力分析新理论；大流量、高山峡谷区高坝建设中的泄洪消能；大型水利枢纽与建筑工程的安全度评估及风险分析；大型水、土建工程与地基的联合作用，黄土、膨胀土特性及其对建筑物的影响；水下、建筑下与深部采矿过程中的静、动力学分析与矿物开采理论；开放式住宅建筑的设计与建造理论；我国沿海和内陆地区城市化进程中的建筑环境的保护与治理；边远省区的太阳能建筑与风能建筑的规划设计理论；风暴海况下工程结构的力学行为及海洋工程设计理论。

十五、工程减灾研究

城镇、工业、矿山与森林火灾过程中的热物理基础；城市减灾规划与现有城镇减灾改造理论；我国江、河、湖水系的防洪系统工程基础；城市与重大工程系统的减灾地理信息系统与灾后对策专家系统研究；矿山突发性灾害（如岩爆、瓦斯、突水、岩层大位移）的防治及减灾理论。

信息科学部

一、信息科学的理论基础

信息理论、智能理论、控制理论；神经网络与人工生命理论；有效利用频率资源的新理论与新方法；信息科学中基本问题：信息获取、处理、传输、控制的新理论与新方法。

二、信息科学的前沿领域

1）信息传输的新理论与新方法

电磁波传输中的生物效应，电磁环境与生态；宽带光纤传输：光纤色散补偿、光纤弧子传输与通信基础技术；光量子通信基本问题；异步转移模式（ATM）光交换技术。

2）智能系统

"人机结合"的智能系统；综合集成；模糊控制与神经网络；智能材料及其在分布参数系统中的应用。

3）信息处理中的关键技术

信息安全与可靠性技术信息压缩编码与还原编码技术；系统诊断与容错技术；图像处理与语声处理新技术；中文数据库系统及其语言与界面研究。

4）微电子学的基础研究

真空微电子学；冷阴极发射特性及平板显示的新技术；新封装技术基础研究；系统集成；GeSi 材料与新器件；特殊应用环境的集成电路；亚微米和深亚微米技术基础问题。

5）纳米电子学的基础理论与技术

纳米级信息获取与处理；纳米器件结构特性研究；纳米光电子材料；纳米计量理论与技术。

6）工业综合自动化的基础理论与技术

LAF 技术；复杂工业系统的建模与优化；工业系统的安全保障系统；软测

量技术；适应工艺变革的自动化。

三、信息科学支撑技术与关键器件

1）微系统

微系统控制；微电子机械系统；智能微系统中的微光学问题。

2）光子技术与光电子器件

光子定域与光子晶体；用于光存储的多功能电子俘获材料与光子频率转移新材料；单片光电集成技术；信息网络中的光栅器件；新型蓝绿光发光器件、激光器及相应材料（有机、无机）；新型有机光电子器件（有源、无源）；微光学元件及微加工技术；超高频、超高速新型电子器件及集成。

3）激光技术与新型器件

宽带可调谐固体激光器件。

新型全固化激光器件与材料；大功率半导体激光器的基本问题；X-射线功能器件、系统与X-射线激光；新型光折变材料与器件；准连续、瞬态、显微探测技术与器件。

四、新型传感器基础研究

远距离分布式光纤传感器；生物传感器；智能传感器；新型传感机理研究。

管理科学学科组

一、管理科学学科发展研究

中国管理模式及其文化背景与发展趋势探索研究。

二、管理理论与方法基础研究

先进管理方法、技术及其在我国应用的研究；质量系统工程与管理质量研究。

三、科技政策与科技管理研究

科技、教育与经济一体化发展研究；科技资源的优化配置研究；完善我国知识产权有关问题的研究；科研院所与科技型企业在技术转让中的作用与发展趋势研究。

四、社会主义市场经济条件下宏观管理问题研究

金融、财政管理体制、方法及有关管理问题的研究；信息技术对管理变革的影响及我国信息资源开发与管理研究；中国可持续发展理论研究与系统分析；粮食和食物安全及预警系统研究；我国管理教育有关问题研究。

五、社会主义市场经济条件下企业管理研究

不断推进企业技术进步的机制及管理研究；企业国际化管理理论、经验与方法研究；建立现代企业制度过程中企业理论的研究与应用。

国家自然科学基金委员会"十五"优先资助领域节选（交叉优先资助领域）

1. 生命科学中的信息科学

主要研究基因组和蛋白质组信息学、信息生态学和信息农学，包括：人类基因组的信息结构分析；功能基因组相关信息分析；生态系统的信息分析与模型化等问题。

2. 中国21世纪水问题研究

主要研究流域尺度"自然—人工"二元水循环模式；不同尺度水循环过程与水资源演化规律；农业节水的生物学基础与非充分灌溉理论；变化环境中的水旱灾害及其防治；水环境污染与生态安全；水资源管理模式等。

3. 21世纪制造科学

主要研究制造系统理论和制造信息学；微系统中的尺度效应和制造技术；材料和零件制造过程中的拟实仿真、优化和加工新技术基础；机械仿生与生物制造；绿色制造与生态工业等。

4. 网络计算和信息安全

主要研究网络信息系统模型；新一代网络体系结构与协议、网络环境下的

信息安全；网络计算及应用；电子商务系统等。

5. 生命体系中的化学过程

主要研究生物分子与分子间、分子与细胞间相互作用及引起的结构动态变化；具有重要生物活性物质的结构、作用及对生命过程的影响；生命体系中化学过程研究的实验和理论方法等。

6. 全球变化的区域响应

主要研究东亚季风环境的形成演变及其对全球变化的响应与影响；海洋-大气-陆地相互作用与水循环；陆地生态系统生产力与全球变化的相互作用；碳氮磷等生源要素的生物地球化学过程；人类活动对区域环境的影响等。

7. 凝聚态物理及其相关领域

主要研究强关联及其他奇特性能凝聚态物质；软凝聚态物质：生命活动中涉及的凝聚态物理对象；介观和纳米尺度物理对象；界面表面和低维体系等。

8. 中国农业可持续发展

主要研究农业生物重要种质资源发掘与重要性状遗传改良；农业病虫害发生规律及可持续控制；农业环境资源高效利用与生态安全；复合农业生态系统等。

9. 复杂系统与复杂性科学

主要研究复杂系统与复杂性的理论与方法；物理层次复杂系统；生物层次复杂系统；社会层次复杂系统等。

10. 量子信息学基础

主要研究量子信息学的基础理论；量子通信；量子计算机的基础实验等。

11. 半导体集成化系统基础研究

主要研究芯片系统（SOC）的集成方法学；芯片系统的综合、验证与测试理论；用于芯片系统的集成微传感系统；面向芯片系统的小尺寸 MOS 器件；适于芯片系统的新材料及新器件等。

12. 极端条件下物质的性质、结构和相互作用研究

主要研究强相互作用体系在极端条件下的结构和性质；高能过程与新物理

现象；宇宙演化中的粒子与核物理过程；极端条件下等离子体；超短脉冲超强激光与物质相互作用等。

13. 区域可持续发展

主要研究区域可持续发展原理与评估体系；区域可更新资源的评估与可持续利用；环境质量变化与区域可持续发展；自然灾害对区域可持续发展的影响；区域可持续发展模式等。

14. 重大工程灾害及其防治

主要研究大型结构和生命线工程灾害响应与控制；岩土工程灾害与环境损伤防治；重大工程灾变行为与健康诊断；数字减灾工程与系统等。

15. 中医药学现代化的基础研究

主要研究藏象与证的基础理论；中医药防治难治性疾病的基础理论；中药药性、作用规律和体内过程；中药资源可持续利用；穴位—脏腑的特异性联系及针灸效应机制等。

16. 绿色化学中的基本科学问题

主要研究绿色合成技术、方法学和过程；可再生资源的利用和转化；绿色化学在矿物资源中的高效利用等。

17. 先进功能材料

主要研究纳米材料与纳米技术；光子与光电子信息材料；新型光电磁功能材料；先进微电子技术相关材料；生物医用材料；与能源、环境相关的功能材料等。

18. 认知科学及其信息处理

主要研究知觉、注意的信息表达和整合；基于脑成像技术的认知功能研究；学习与记忆过程中信息的处理；思维、语言模型与信息处理系统新原理；基于进化和自适应的现场认知研究等。

19. 能源利用与环境领域的基础研究

优先资助领域为洁净煤能源-动力系统的关键基础研究；能源与环境基础研

究；可再生能源开拓与利用等。

20. 生态学

主要科学问题和研究内容为全球变化生态学；生物多样性；生态系统健康与管理；西部大开发与区域生态学等。

21. 我国人口与健康研究

主要科学问题和研究内容为功能基因组学研究；重大疾病发生发展的基础理论研究；创新药物的基础研究；细胞重大生命活动与健康的基础研究；生殖健康的基础研究；中医药学的基础研究；组织器官的再生、修复和移植的基础研究；与"人口与健康"相关的其他重要科学前沿研究等。

22. 我国人类基因组研究

主要科学问题和研究内容为重要遗传资源库的建立；绘制中华民族 SNP 图谱；疾病相关基因的克隆和功能分析；基因表达谱和表达调控研究；基因组研究的技术平台的建立；生物信息学和结构生物学核心技术等。

23. 神经科学

主要研究神经信息的传递、加工、整合、调控及不同信号转导系统之间的对话；脑和神经系统的发育、退变、再生和损伤的修复；脑的复杂性及学习记忆、意识、认知与人工智能的整合研究；包括药物成瘾在内的精神疾患的发生机制及新的干预途径研究；神经—内分泌—免疫网络的确认及其在疾病发生中的作用研究以及对某些新技术进行基础性研究。

"十一五"综合交叉的优先发展领域

1. 量子调控

随着固态器件向小尺度、低维方向发展，器件本身已成为量子结构，作为信息载体的电子，在受限体系中呈现出许多与其在现有器件中完全不同的量子现象和量子效应。探索其中的物理机制和规律，运用各种量子工程手段进行有效的量子调控，将极大地促进新器件的发展，培育出全新的信息技术。

主要科学问题：量子受限结构中量子相干现象，基于电子与光子过程的量子调控，基于自旋的量子输运和调控，基于宏观量子效应和超越经典电子效应的电子量子特性作为信息载体的探索，光子、声子带隙材料结构与特性及其在信息技术中的应用，分子电子学物理原理及其在信息技术中的潜在应用。

2. 科学与工程计算

科学计算是伴随着计算机的出现而迅速发展并得到广泛应用的交叉学科，已与理论和实验研究一起成为当今世界科学研究的主要手段。科学研究、高新技术和重大工程中的科学计算问题越来越需要由可信的计算机网络来完成。

主要科学问题：工业问题中的建模分析与优化，金融风险分析与预测，地球系统模拟，大气、海洋、地下水和石油等复杂流体计算，材料物理中的多尺度计算，复杂生命系统的计算、模拟与控制技术，高性能计算方法和技术，并行计算、网络计算中的关键技术，计算机辅助技术，大规模科学计算软件平台，可信计算系统的体系结构与关键技术，网络系统的安全机制，可信计算系统开发与管理等。

3. 生命重要活动的定量与整合研究

随着在完整基因组、功能基因组、生物大分子相互作用及基因调控网络等方面大量数据的积累和基本研究规律的深入，生命科学正处在用统一的理论框架和先进的实验方法来探讨数据间的复杂关系，向定量生命科学发展的重要阶段。采用物理、数学、化学、力学、生物等学科的方法从多层次、多水平、多途径开展交叉综合研究，在分子水平上揭示生物信息及其传递的机理与过程，描述和解释生命活动规律，已成生命科学中的前沿科学问题。

主要科学问题：非编码 RNA 的功能、蛋白质结构功能模拟与预测，生物大分子相互作用网络动力学及系统生物学，脂类分子与结构蛋白分子自组装体系，分子马达生物医学功能的物理、化学和力学性质，系统整合生物学理论与方法，从动态和整体的角度研究细胞信号通路间的相互作用（Crosstalk）、信号转导的反馈调控和信号转导网络，定量与整合研究复杂疾病的发生过程，生命信息系统建模与模拟，建立定量研究生命活动的新理论、新技术和新方法。

4. 纳米科学与技术基础研究

纳米科技将极大拓展和深化人们对客观世界的认识，使人们在原子、分子水平上制造材料与器件成为可能。随着纳电子学和纳米器件的发展，硅基电子材料加工和储存信息的极限将可能突破。纳米生物学的发展，将为人类在原子、分子水平上理解生命体系的复杂过程提供新的手段，从而可能极大地促进信息技术、生物技术和健康领域的发展。

主要科学问题：纳电子器件的量子效应和单电子行为特性，纳米结构的量子效应、尺度效应和边界效应，纳米结构的测试和表征，硅基微电子器件的新原理、新技术及新结构，纳米传感、检测、存储与显示器件，相关纳米材料与纳米颗粒的生物学效应，基于探针技术的单分子与单细胞的识别和操纵控制原理，纳米结构的组装、仿生制造及生物功能，基于纳米材料的新型靶向药物控释技术，生物与医用纳米材料的设计与可控合成、修饰及宏量制备技术，基于微系统与纳米技术的医疗诊断技术与方法等。

5. 认知过程及信息处理

认知科学及信息处理主要研究知觉、注意、记忆、行为、语言、推理、思考、意识乃至情感动机等各个层面的认知机制及相关信息处理技术。开展认知及信息处理研究，对于推动人对智力本质的认识，促进信息科学、计算机科学、智能科学以及脑科学等的发展，提高人类健康水平等均具有重要意义。

主要科学问题：知觉和注意及其信息处理，学习与记忆及其信息处理，语言与思维模型及其信息处理，脑成像及其信息获取与分析，人机结合的智能系统，基于环境的认知与认知过程复杂性。

6. 新材料物理特性、制备技术与器件基础

信息功能材料、生物材料、智能材料、能源材料、环境友好材料以及高性能结构材料等新型材料不但促进和丰富了材料科学领域自身的发展，而且还带动了一批高新技术产业的兴起，在我国未来社会进步和经济发展过程中将发挥越来越重要的作用。开展新材料微观结构及物理特性研究，发展新材料制备方法和研究材料制备中的关键科学问题，探索高性能器件设计的新概念、新理论和相关基本科学问题，对于推动材料科学的发展，拓宽新型功能材料和高性能结构材料的应用，提高我国科技竞争力具有重要的意义。

主要科学问题：材料微结构与材料物性的内在关联与规律，材料的尺度效应、多尺度耦合机制和复合效应，材料的计算设计与物性预测的新理论与新方法，非常规超导机制和新型高温超导材料探索，新型功能材料与器件的结构设计、制备与组装，宽带隙半导体材料与器件的性能和机理，THz 材料与器件设计的物理机理与技术，极端条件下材料物性以及特需新型功能材料的性质及其应用。

7. 全球变化与地球系统

伴随着"臭氧洞"、全球变暖和大范围、持续性旱涝灾害的频繁发生，人类社会面临巨大的环境压力和挑战，以全球环境问题为对象的全球变化研究成为当代重要的科学前沿之一。我国位于地球环境变化速率最大的季风区，其环境具有空间上的复杂性、时间上的易变性，对外界变化的响应和承受力具有敏感和脆弱的特点，并且当前处于经济高速发展、人口压力剧增的时期，资源短缺、灾害频繁发生，严重地影响着我国经济与社会的可持续发展。开展全球变化研究对于我国实施可持续发展战略具有重要理论意义和现实意义。

主要科学问题：季风亚洲环境系统变化与适应，东亚地区生态系统的碳氮格局与关键过程，西太平洋、东印度洋与青藏高原"三角区"的陆海气相互作用，过去全球变化研究，东亚环境变化对全球变化的影响与响应，地球系统整体变化规律与预测，受损生态系统修复材料、功能、最佳生态条件与影响因素及其修复机制。

8. 环境与生物相互作用

地球环境创造了生命，生命演化造就了现在状态的地球，生命过程促进和灵敏地示踪了地球环境变化。重大地史转折期是生物与环境关系显现最为明确的时期。通过开展地球历史环境演变与生命过程和极端环境与生物适应的研究，不仅有助于深入了解生物的起源、演化与环境制约、地球环境事件和现代地表环境与生物多样性、极端环境中的生命特征与适应机制等重大理论问题，而且有利于了解过去、认识现在、预测未来，为实现人与自然协调发展和保护生物多样性提供科学依据。

主要科学问题：地球早期生命和环境的协同演化，重大全球变化期环境效应与重要类群的起源和演化，"生命之树"关键支系的构建与环境制约，生物地球化学过程与地球表面环境演化，极端环境下生物进化过程中的基因变异规律和不同生物基因表达调控机制。

9. 化学与生物医学界面上的重要科学问题

以研究活性小分子与生物大分子或细胞的相互作用为核心，发现和鉴定疾病形成过程中的新基因和蛋白质新靶点，发展选择性作用于细胞、基因或蛋白质靶点的小分子化合物，对于促进医学基因组的研究，开发创新药物，发现疾病诊断和治疗的新方法具有重要意义。

主要科学问题：生物活性小分子诱导的生物大分子的构象、结构和功能的变化及与细胞相互作用引起的功能变化与表征，作用于特异性基因和蛋白质的探针分子和调控分子的设计与筛选，生物活性小分子与生物大分子相互作用过程研究的新理论与新方法，基于功能基因的创新药物研究新策略，基因组研究中生物大分子相互作用信息获取、转换与检测的新原理、新方法和新技术，基于小分子调控的细胞繁殖、分化机制，疾病诊断中的生物标志物的分析检测新原理及新方法等。

10. 化石能源高效洁净利用和新能源探索

面对我国能源需求快速增长、环境污染不断恶化、化石资源日趋耗竭的严峻挑战，开展化石能源高效洁净利用研究，探索和开发新能源，实现我国未来能源系统从化石能源的高效洁净利用到以太阳能、生物质能、核能、氢能等为代表的多元化能源体系构建的战略转变，已成为我国可持续发展中迫切需要解决的关键问题。

主要科学问题：化石燃料在高效转换利用中与其他物质间的相互作用机理和表征，化石燃料转化传递对生态环境的作用过程、机理及相关控制技术，受控核聚变的惯性约束和磁约束的稳定性、位型优化，新型太阳能高效转化机理与体系及相关材料的设计与制备，氢能大规模利用机制及新型高容量储氢材料，高性能燃料电池和氢气发动机开发中的基础科学问题，生物质高效转化利用过程的反应本质，能源转化的集成化过程与工程问题。

11. 农业生物重要性状的功能基因组

随着一些模式农业生物功能基因组研究的快速发展，利用已获得的模式农业生物的基因功能信息和比较基因组研究手段，会大大加快其他农业生物功能基因组的研究。在未来的5~10年，人们对包括功能基因的变异、表达调控网络、不同基因间的相互作用等在内的机制的认识会有重要突破，为人类有效改良主要农作物和畜禽的经济性状提供重要的科学依据。

主要科学问题：重要农业生物突变群体的构建与分析，影响主要农业生物重要性状的基因定位、连锁标记图谱及分子标记辅助育种研究，具有重要生物学功能的基因分离、克隆、功能鉴定和表达调控研究以及基因工程育种研究，农业生物的重要基因功能诠释及其与环境的互作，重要农业生物产量、品质等重要经济性状形成以及抗逆的分子机制和基因网络调控，重要农业生物杂种优势的功能基因组研究等。

12. 社会系统与重大工程系统的危机/灾害控制

由于人类在工程技术、经济管理等谋求自身福祉的活动中所出现的偏差，如重大工程灾变、恶性生产事故、技术滥用、经济调控失误、财富分配失衡等而导致的危机和灾害，已经成为一类影响我国社会经济全面协调可持续发展的潜在性破坏因素。探索这些因素的危机或灾害形成规律和控制机制，进而建立由上述因素以及自然因素（如灾害性地质/气象活动、生物灾变、病菌大规模流行等）所引起的危机与灾害的应急信息、决策和工程技术体系，对于科学地解决我国社会高速发展过程中的矛盾，促进和谐社会的建设具有极其重要的意义。

主要科学问题：重大工程的灾害形成机理及其建模与仿真，重要经济系统与生产过程的危机/灾害机理建模和预警技术，危机/灾害预警与处置中的信息集成与知识挖掘，危机/灾害综合应急系统设计、仿真和实现技术，人类对危机/灾害的认知行为特征和应急决策理论，危机/灾害影响的后评估和系统重建理论。

13. 现代制造理论与技术基础

制造业是国民经济的物质基础、国家安全的重要保障和国家竞争力的主要体现。现代制造技术已成为一门多学科交叉的前沿科学领域，主要涉及材料、力学、信息、管理、能源和纳米科学等研究领域。近年来，数字智能化、高效清洁化、柔性集成化和微型精密化已成为现代制造技术的主流发展趋势。开展现代制造理论与技术基础研究，提升我国重大机械装备的自主创新设计和制造能力，推动我国制造业向节能、降耗、环保、高效的方向转变，为国民经济和社会可持续发展提供持久的动力。

主要科学问题：复杂机电装备多物理过程交互规律与功能形成原理，加工制造过程多物理因素影响机理及其数字化描述，成形制造过程中材料组织演变规律和基于多尺度仿真的成形件性能预测，分布式制造系统信息作用规律与决策机制，极端时空条件下微纳制造参量对微纳器件宏观性能的影响规律，微纳尺寸零部件及特殊环境下的测量新原理和新方法，仿生机械学与生物制造，支持产品创新的数字化设计和制造理论基础等。

"十二五"跨科学部优先发展领域

1. 细胞的结构和分子功能

细胞如同一个高度有序的机器系统，生物分子根据其定位、结构、运动、浓度以及与其他生物分子的动态相互作用，精确、有序和协调地执行复杂多样的功能。细胞的结构是动态的，各种生物大分子、细胞内各种亚细胞器、分子复合物和生物大分子都是在高度复杂的细胞内环境中行使功能。越来越多的证据表明，只有通过实时动态观测与精准信息获取来对活细胞原位研究，才能准确地反映细胞内各种亚细胞器、分子复合物和生物大分子的真实结构和功能机制。

核心科学问题：超分辨显微镜、单分子成像、非荧光成像等研究活细胞的技术与方法的建立；活细胞内的亚细胞器、分子复合物和生物大分子的结构、组装、运动和功能；细胞器之间的信号联系及功能。

2. 系统生物学

从不同层次同时研究多重生物学信息之间复杂的相互作用，包括基因组、蛋白质、代谢、信号传导途径、基因调控网络和蛋白质相互作用的网络等，以期在此基础上理解它们之间协同作用对生命活动产生的影响。系统生物学借助发展多学科交叉的新技术方法,研究功能生命系统中所有组成成分的系统行为、相互联系以及动力学特性,进而揭示生命系统控制与设计的基本规律。系统生物学将不仅使人们全息地了解复杂生命系统中所有成分以及它们之间的动态关系,还可以预测系统一旦受到了刺激和外界的干扰后系统的未来行为。系统生物学使生命科学由描述式的科学转变为定量描述和预测的科学。

核心科学问题:生物系统的网络基本元件的构建和参数确定及生物系统网络模型的建立;生物系统的网络分析理论与方法;生物信息的整合与分析;生物系统动力学;生物环路的模拟与构建。

3. 生物材料及其表界面生物功能与介入医学的相关基础研究

生物材料与生物体之间的相互作用是发生在生物材料的表面和界面上的。通过认识生物材料表面界面与血液、细胞等的相互作用规律,研究材料表面的活性和生物功能化修饰,有可能对生物材料的性能和应用带来突破性进展。生物医用材料就是一类用于诊断、治疗、修复或替换人体组织、器官或增进其功能的生物材料,其核心是赋予材料生物结构和生物功能。同时,生物材料与器械和信息技术的发展,使介入医学具有微创、安全可靠和术后恢复快等优点,并使介入医学与外科、内科一起成为医学的三大支柱性学科;研究开发安全、有效、方便的新型介入器具并降低医疗费用,是当前亟待解决的难题和主要研究方向。

核心科学问题:生物材料表面与组织(细胞)的相互作用机理;组织再生过程中的关键微环境因素;生物材料表面的微纳结构及其与生物体的相互作用;生物医用材料的分子识别和生物导向性;生物医用材料的表面改性与生物相容性;生物植入材料及其调控组织再生的机制;介入治疗后疾病复发机制的研究;介入医学新技术与新型介入医疗器械的研究;图像引导下的介入医学与计算机辅助工程。

4. 行星探测、演化过程和环境影响与地外生命研究

通过以嫦娥工程获取的探测数据为基础,综合分析和整理国外已有的月球探测成果,力图形成月球起源和演化模型的整体性和规律性认识,建立月球起源和演化的概念性模型,获得具有原创性的科学研究成果,其目的是为人类认

知宇宙提供太阳系各层次天体的物质成分、生命早期的化学演化、行星与太阳系的形成与演化各阶段的过程与年龄的科学依据,同时满足人类拓展生存与发展空间、推动经济和科学技术可持续发展的社会需求。

核心科学问题:月球化学不均一性分布及其起因;外动力构造及其与月球演化的关系;月球内部结构与质量分布的不均一性;太阳系的早期演化历史;生命存在的极端环境和条件探究;火星上是否存在生命的探索;小行星以及彗星的联系;小行星和彗星与地球生命的起源、小行星和彗星撞击地球诱发环境突变和生物灭绝的联系等。

5. 太阳活动对日地空间天气的影响

太阳活动及其对日地空间环境的影响是 21 世纪重大前沿交叉课题,涉及天文学、地球科学、物理中的等离子物理等众多学科领域的交叉与综合。随着进入高技术时代,人类对空间天气预报的要求也越来越迫切。太阳爆发产生的高能粒子和高能辐射输出以及大规模的等离子体抛射现象是空间灾害性天气的源头,对宇航员、航天器的安全和地球环境产生重大影响,因此需要对太阳活动所导致的日地空间的响应等问题展开深入探讨。

核心科学问题:太阳活动的内部机理;太阳剧烈爆发现象(耀斑和日冕物理抛射)的前兆特征和物理过程;太阳爆发的形式及其在行星际空间的传播;磁层与太阳活动的关系;电离层对太阳活动的响应;中高层大气在日地关系链中的作用;空间天气预报的原理与方法;空间灾害性天气的效应评估。

6. 大规模高性能科学计算

科学计算是指通过建立实际问题的模型和发展相应的计算方法,并利用强大的计算机能力,对科学和工程中的复杂问题开展数值模拟研究。随着现代科学技术各领域进入更深的层次和更广的范畴,大规模高性能科学计算已与理论和实验一起成为当今科学研究的主要手段,成为发展高新技术的重要支撑。在物质科学、生命科学、材料科学、地球和环境科学、信息科学、工程与高技术等领域中,人们有可能利用科学计算来扩展、深化甚至代替科学理论或实验研究,使许多过去难以开展或难以实现的理论研究和科学实验有可能通过计算机模拟获得新的知识。大规模高性能科学计算能力的提高能够推动相关学科的进步，带动相关信息产业的发展。

核心科学问题：科学、工程和社会经济问题数学模型建立及其理论分析；发展适合复杂问题和模型的计算方法与计算技术；提高计算精度和效率的方法；海量数据的处理方法与技术；适应高性能计算机并行计算方法；高性能计算通用软件平台建设；各类专业应用软件及数值计算软件包研制；开发科学、工程与社会经济问题的数值模拟技术及实现；支撑数值模拟技术的计算方法基础理论研究。

7. 量子计算与量子通信

量子信息技术是后摩尔时代各国战略竞争焦点之一。量子信息学是量子物理与信息学科交叉融合的新兴学科，量子信息技术可望为信息科学技术发展提供变革性手段和能力。量子密码在物理上提供了不可窃听的安全性，而量子计算可为指数级增长的传统不可解难题提供计算可能性。目前量子密码技术正向实用化方向发展，而量子计算机的研究仍然处于基础研究阶段。在少数量子比特物理系统中已可成功演示量子计算的工作原理、量子门操作、量子编码和量子算法等。当前量子计算的物理实现遇到两个关键性的困难，一是如何研制大规模量子比特的物理系统，即物理可扩展性问题；二是容错计算的难题，即如何使量子门操作的出错率低于容错阈值，使得门操作的差错可以有效纠正，确保量子计算的可靠性。

核心科学问题：量子比特物理扩展的途径、基于新材料与新结构的量子器件、具有扩展潜力的量子计算体系；量子计算系统相干与退相干；量子逻辑运算、信息编制、形态转换及测量；容错量子计算实现的机理和方法；量子模拟的理论方案与实验；量子信息存储器和量子中继；自由空间量子密码系统、新型量子密码原理；全量子网络的实现以及其信息传递和处理问题。

8. 多相复杂系统中的介尺度结构

多尺度结构是自然和工程复杂系统的共同特征，介尺度结构是决定其宏观行为的关键因素，很多领域的介尺度结构都显示出共同的规律。目前，能源与资源短缺、环境污染、气候变暖已成为全球共同关注的焦点问题，而化学反应工艺、过程和系统的量化设计、放大和优化调控是应对这些挑战的共性核心技术体系。同时由于工艺、过程和系统各层次又各自呈现动态多尺度结构，存在于这些层次的边界尺度间的介尺度结构则是发展这一核心技术必须突破的共同科学难题。这一科学问题既有解决人类面临的重大挑战的应用背景，又具突破共同科学难题的普遍意义，也呈现出化学、物理、生物、材料和信息等多领域交叉的特征。在介尺度结构方面的探索将为人类顺利解决能源、资源和环境问题奠定科学基础，并有力推动物质转化相关学科和产业研发模式由经验探索向量化仿真过渡。

核心科学问题：介尺度结构的形成机理及其存在的稳定性条件（包括对非线性热力学和统计力学的相变和多态等行为的理论分析）；介尺度结构的定量描述与行为预测（包括多尺度耦合的机理与跨尺度关联的方法以及介尺度结构与系统中的基元过程和整体行为的关系）；介尺度结构的调控方法（包括多尺度结构与反应动力学的作用机理与规律以及催化体系、反应微环境、反应器、反应工艺对介尺度结构进行调控的规律）；介尺度结构和多尺度计算理论（包括介尺度计算理论和方法以及通过问题、软件和硬件体系结构相似来实现复杂反应过程实时模拟的途径）。

9. 重大环境演化与突变的理论与方法

21 世纪以来，重大环境演化和频发的自然灾害事件（如土地荒漠化、沙尘暴、洪水、滑坡、泥石流、酸雨、赤潮等）对人类社会可持续发展的影响与日俱增，已引起国际社会的高度重视。这些环境介质的运动呈现出极其复杂的变化行为，且始终伴随着流动和质量、能量输运等过程。针对与我国经济和社会发展密切相关的重大环境问题，从多学科角度加强对其中共性科学问题的研究，将不断深化对重大环境演化内在机理的认识，提高我国环境保护和治理的水平，同时将大力推动我国在复杂介质和多过程耦合的科学前沿的创新研究。

核心科学问题：环境介质多过程耦合的自然环境流动特性和物质、能量的输运与转化规律；介质特性变化对流动、变形、破坏的影响规律与模拟方法；典型环境演化发生突变的内在机理和临界条件；西部干旱环境演化的动力学理论、方法及防治措施；重大水环境问题的孕育、发生、发展规律和突变机理。

10. 重大灾害事件的机理与减灾

地球各个圈层处于不断的运动和变化之中，这种变化不但提供人类赖以生存发展的资源、能源和适宜的生态环境，也会产生危及人类社会的自然灾害。同时，不合理的人类活动干预地球系统的自然过程，会对自然灾害起到诱发和加剧作用。我国是一个自然灾害频繁的发展中国家，灾种多、分布广、频次高、灾情综合复杂，对我国经济建设和社会发展有重大影响的自然灾害主要包括气象灾害、地震灾害、地质灾害、海洋灾害、生态灾害等。随着社会发展水平的迅速提高，各种自然灾害对社会的影响程度也不断加大，社会面对自然灾害的脆弱性已成为备受关注的问题。对重大灾害事件的特征和发生发展规律进行准确描述和刻画，深刻理解致灾机理及其与人类活动的互馈，对重大灾害过程进行模拟和预测，有效地预防和控制自然灾害，最大限度地减轻灾害损失，对保证我国经济社会可持续发展有着重要意义。

核心科学问题：灾害发生的机理与预测理论；灾害孕育和发生的环境因素；减轻自然灾害的对策与工程措施；对自然灾害的有效监测、数据处理和模拟机制；建立和完善对各类灾害的评估、预警和应急能力。

11. 全球变化与地球系统

伴随臭氧洞的产生、人口膨胀与资源短缺、生态破坏与环境污染、全球气候变暖和极端天气事件频发，人类社会经济发展与生存环境问题之间的矛盾日益突出。全球变化和人为活动对陆地生态系统格局、重要生态过程及其功能产生重大影响，特别是化石燃料燃烧以及工业生产过程向大气圈排放化学物质，改变着大气的化学组分，而如何通过技术创新、制度创新、产业转型和新能源开发等多种手段，尽可能地减少煤炭、石油等高碳能源消耗以及温室气体排放，以实现适应全球变化的经济社会协调发展，已成为重大的科学挑战。全球变化研究也日益成为当代面对社会可持续发展需求的重大前沿研究领域之一。全球变化的同时性、人类活动影响气候变化以及将地球作为一个整体系统进行研究等认识已得到广泛接受，地球系统科学的理念应运而生，即研究与各子系统相互作用联系的地球整体系统的变化规律、动力学机制和发展趋势，以适应和管理地球系统变化。

核心科学问题：亚洲季风—干旱环境系统的变化特点与趋势；区域水系统（含冰冻圈）循环及其对气候变化的影响与响应；海平面与海陆过渡带变化的动力学机制及趋势；生态系统对气候变化的适应过程、机制和预测；全球变暖的自然和人类因素以及地球系统管理；地球系统模拟的关键技术及科学问题。

12. 多尺度海洋过程与海洋工程

人类社会经济发展所面临的资源、环境、生态、灾害等问题都给海洋科学与工程发展提出了新的课题，已经成为国际海洋科学技术竞争的前沿和热点领域。海洋是一个包含多种时空尺度过程的复杂动力系统，对"全球变化"和"深海"的关注是当前海洋科学与工程的两大发展趋势，而科学和技术的协同发展在其中起着关键作用。海洋科学的每一个飞跃均与观测技术与设备的突破密切相关，有时甚至是决定性的作用。推动海洋科学与海洋工程的交叉融合，开展由科学问题引导的海洋观测、勘探技术与设备的研究，不仅是海洋科学未来发展的需要，也是海洋资源合理开发利用、实施可持续发展的重要保障。

核心科学问题：西太平洋的多尺度过程与高低纬相互作用；我国近海的海陆相互作用；海洋微生物与生物地球化学循环；极区环境变化与海洋过程；深海浮式结构物系统环境载荷与动力响应；深海装备安全设计和测试的前沿技术；水下探测与通信；海洋传感器技术。

13. 人类活动的环境效应

环境变化研究表明，人类已具有通过改变生物和非生物的过程来影响和改变地球系统运行状态的能力。由于人类活动影响地球系统的方式和程度有所不同，地球环境在不同尺度和不同区域的响应方式和表现结果存在显著差异。如何定量地刻画和区分人类活动对环境变化的贡献，特别是如何理解土地利用与土地覆盖变化、城镇化、工业化等大规模人类活动过程与地球自然过程的叠加和相互作用，已成为学术界关注的重大科学挑战。人类活动的环境效应研究，以地球系统科学和可持续发展理念为指导，以区域性、系统性及关键性环境问题为突破口，聚焦近现代环境变化过程，揭示不同尺度人与环境相互作用的机理，探讨环境变化与区域协调发展的途径和模式。

核心科学问题：人类高强度土壤利用下土壤肥力演变过程及其调控；高原山地环境变化与人类适应；多尺度毒害污染物归趋与区域暴露风险；土地利用变化和土地管理对陆地生物圈自然过程的影响及其效应。

14. 变化环境下水资源高效利用

全球气候变化和我国经济社会发展，改变了流域的水文过程和水资源供需时空格局。流域洪旱灾害防治和水资源高效利用，需要具有防洪、灌溉、发电、供水和环保等功能的水资源利用工程和高效的水资源利用技术。它们涉及水文学、水资源学、农业水利学、河流动力学、水环境与生态水利学、水工结构与岩土工程、管理科学。

核心科学问题：变化环境下流域水文过程与洪旱预测；节水农业及其环境生态效应；大型水工程的性能设计与施工技术；水电能源高效转换与经济运行；变化环境下河流系统演变。

15. 饮用水复合污染机制、毒理效应与控制原理

饮用水安全是人类健康的最基本保证。由于水质的复杂性和多变性，从任何一个单独的学科角度都无法回答其复合污染的过程机制、毒理效应和控制原理等重要科学问题。深入开展饮用水质的多介质复合污染研究，可以进一步揭示饮用水源中污染物的生物地球化学循环过程、水质净化过程的物质形态学转化规律、水质变化的分子毒理机制及水质安全的协同控制原理，建立基于毒理效应评价和工艺调控、从水源到用户终端的饮用水安全保障的科学和技术体系。

核心科学问题：水源水质复合污染的多介质联合作用机制及污染物的生物地球化学循环过程；饮用水净化工艺中关键物种的结构/形态转化及多介质多界面交互反应过程；饮用水输配环境下水质的化学与生物稳定性机理；水质安全的毒性评价方法及水质变化的分子毒理机制；水质安全的化学、生物学、生态学、毒理学和工程学协同调控机制。

16. 节能、可再生能源利用与温室气体控制的交叉科学问题

能源问题是我国经济社会发展的长期瓶颈，是始终必须高度重视的重大问

题。当前我国迫切需要解决高碳燃料的高效洁净利用、可再生能源高效低成本利用以及温室气体控制的基础理论问题，需要工程热物理、材料、化学、数理等学科的交叉，以此奠定能源科学前沿的基础。可再生能源利用与温室气体控制研究涉及电力、化工、冶金、建筑等高能耗行业，对我国转变经济发展方式和应对全球气候变化等重大问题产生直接影响，对抢占新兴能源产业的科技制高点具有重要的战略意义。因此，加强该交叉科学问题研究，注重节能减排，改善能源结构，控制温室气体排放的重大需求，为实现能源可持续发展的目标提供科学理论和方法。

核心科学问题：燃料化学能与物理能综合梯级利用原理与方法；核能利用的新概念、新材料及力学理论与方法；太阳能、风能、生物质能等可再生能源高效收集、储存和转换的基础理论；大规模能源转化过程的优化集成与多尺度调控；CO_2 富集、分离和转化的物理化学问题；高碳能源利用中替代燃料与动力联产，同时分离 CO_2 的系统集成理论与方法；节能规划理论与方法，可再生能源的技术政策和产业政策优化分析。

17. 影像医学、数字医学与人口健康领域先进诊疗技术基础研究

影像医学、数字医学与人口健康领域先进诊疗技术是将医学科学研究推向动态化、定量化和可视化的新高度，并为临床诊疗精密化、个体化、远程化和高效、低毒提供强大支撑的重要发展方向。开展相关领域基础研究对提升我国医学科研和诊疗水平以及医疗装置与设备的研发水平都将起到至关重要的作用，对探究疾病的发生机制以及实现疾病的早期预警、准确诊断、精确治疗和预后评估等具有重要意义。

核心科学问题：医学成像新理论、新方法与医学图像的定位定量分析、处理和可视化；脑功能成像与关键影像学表征；分子标记、分子探针、放射性新药设计与纳米显微成像；结构、功能、代谢和分子成像及其在疾病诊断、治疗、药物输运控释和创新药物研发中的应用；新型光学、超声、核医学、CT、磁共振、电阻抗与电磁物理功能成像以及分子成像的核心技术与设备；数字医学基础与平台；数字医学与影像医学新技术新方法及其在疾病早期诊断、亚临床诊断与预后评估中的应用；单细胞技术与设备、芯片实验室与组学分析；新型手

术机器人、图像引导下计算机辅助系统研发；脑—机接口、神经肌肉刺激装置与微型活体探测器研发；生物起搏器、新型人工心脏辅助系统、便携式人工肺与便携式透析仪研发。

18. 神经—免疫—内分泌网络调控失衡与疾病

神经—免疫—内分泌调节系统是机体维持自身稳态平衡的轴心和主要保障，稳态平衡一旦被打破而不能得到及时调节和恢复，机体即可能逐渐过渡到亚稳态直至失衡态，并发生由正常生理状态（健康状态）向亚生理状态（亚健康状态）直至病理状态（疾病发生）的演变。神经—免疫—内分泌调节系统是一个庞大的复杂作用体系，但神经、免疫和内分泌系统又各成系统，并维持其体系内的平衡，因而涉及面广，研究难度大，问题多，具有十分重要的科学意义和实际指导价值。

核心科学问题：神经—免疫—内分泌调节网络失衡与疾病的关系；神经损伤与功能紊乱的病理机制；神经退行性病变的病因学及分子机制；精神疾病脑结构与功能变化及机制；神经元髓鞘化与脱髓鞘机制；重要免疫细胞和分子在神经损伤与紊乱中的作用和机制；内分泌反馈和负反馈系统紊乱发生机制及与内分泌疾病的关系；内分泌活性物质分泌、作用及调控机制及其变化与疾病发生的关系；神经、免疫和内分泌系统建模、网络联系及其相互作用机制。

19. 疼痛及镇痛机理研究

据世界卫生组织报道，有慢性痛经历的人约占世界总人口五分之一，疼痛，尤其是慢性痛，已经成为一种疾病和公共健康问题。疼痛不仅仅是疼痛本身的问题，更重要的是严重影响正常脑功能，诱发神经与精神障碍，导致劳动力的丧失和巨大的医疗费用支出。阐明疼痛的发生机理和寻找新的镇痛方法，将有助于解决因各种疾病及创伤带来的日益突出的疼痛问题。对疼痛机制的认识也是对脑的工作机制认识的有效途径，疼痛及镇痛机理研究反映了人类改善身心健康和提高生活质量的根本要求。

核心科学问题：疼痛信息处理的中枢机制以及慢性痛的中枢起始与维持机制；疼痛发生的外周感受器及其调节；转移癌与疼痛发生发展的关系；疼痛与精神障碍（焦虑、失眠、抑郁）的关系；针刺镇痛机理和疗效提高。

20. 社会认知和行为的心理和神经机制

社会活动的成功和社会和谐取决于其成员对他人和自我的正确认识，并据此在复杂社会环境下作出适当的决策，以促成社会成员之间的协调与合作。人类如何在复杂的社会情境中加工与他人和自我相关的社会信息，涉及认知机制和模型以及相关神经机制的探索，即在脑组织水平阐明社会认知、社会决策的神经基础及其与社会行为的关系，并揭示相关心理和神经机制的发展以及异常社会行为的心理和神经基础。探索培育和调控社会情绪能力的脑网络机制，并在此基础上研究如何正确评测社会情绪能力的生理指标和脑成像，同时研究如何改善和调控个体和群体社会情绪能力的方法和技术。

核心科学问题：自我意识的机制；合作与竞争行为的心理和神经机制；社会环境对认知的调节与神经发育的相互作用；人类社会行为决策的机制；儿童社会认知发展与其他认知功能发展的关系；特殊人群的决策行为特点及其神经、心理机制；调控社会情绪能力的脑网络机制；社会情绪能力的评测与干预。

21. 网络信息技术下的组织管理变革与服务创新

新一代信息网络技术正在深刻改变着管理组织内部的信息与知识的传递及产生方式，进而改变组织文化、管理层级结构、资源分配方式，最终改变产品和服务的生产模式与运作机制，从而促进各类组织实现和谐、透明、高效协作的全新工作模式和管理模式，并促使现代服务作为一种全新的经济形态脱颖而出。网络信息技术所推动的这种转变，对于植根于有形产品生产、科层组织结构、信息单向传输、自上而下的规划等传统的（企业）组织及其创新管理模式的现有管理科学理论，是一种全新的基础性挑战，同时提出了许多管理科学中亟待解决的新科学问题。这些将极大地推动以网络信息技术为依托的现代生产制造和现代服务的蓬勃发展，对于促进中国向服务经济转型、提高组织运行效率、减少组织运作成本、提升我国在新一轮全球竞争中的地位，具有至关重要的战略意义。

核心科学问题：网络服务系统及其参与者行为研究；基于先进 IT 的服务系统及其关键技术研究；网络服务系统的运营优化和协调研究；新一代网络信息技术（如开源信息、移动网络）对组织模式演化和运营机制的影响；新一代网络技术对企业（组织）行为和战略的影响；互动网络中的组织运营与安全工作机制；企业中整合的协作平台技术；组织内部即时通讯与威客技术对管理活动的影响规律等。

22. 复杂金融经济系统的演化及其安全管理

经济和金融市场众多参与者的非完全理性及其依据信息对环境的适应性交互决策行为，造就了现代金融系统的复杂性和不确定性；新一代网络信息技术在全球金融体系中广泛而深入的运用更进一步地推动了信息的多向、快速传播，进而深化了市场的上述特征。未来若干年，我国金融市场的产品种类、交易规模和市场深度及关联性将在与国际金融市场接轨中持续快速增长，再加上金融制度和投资者群体的独特性，使得整个中国金融市场体系的复杂程度也在飞速增加。面对规模迅速增长并日趋复杂的金融市场，依据具有"简单性"特征的前提所构建的主流经典金融经济理论来解释和应对金融危机的实践，开始遇到重大挑战。随着计算机信息科学和复杂性科学的快速发展和重要突破，从复杂系统的角度对复杂金融体系进行计算建模、探索其资产定价与风险管理规律成为一种新的可能，并为解决复杂金融系统安全问题提供了一条非常具有前景的道路，对于建立科学、安全、合理、高效、稳健的金融经济系统具有基础性重大意义。

核心科学问题：复杂金融经济系统中的微观行为和机制及其宏观涌现和动态演化规律；复杂金融经济系统建模的新原理与新方法；金融经济系统中的复杂网络；复杂金融经济体系中开源信息与建模；复杂金融经济系统中的创新及其风险与安全管理；复杂金融经济系统的监管体系、运行机制和模式等。

23. 新功能材料和新人工结构材料

新功能材料的探索是材料科学发展的先导，也往往是信息、能源等领域创新的源头。新型功能材料的发展往往基于新的物理、化学、生物学机制的发现、新设计思想的提出以及材料合成方法的创新，而新材料的出现同时又为物理学、工程学等领域研究提供了新的内容。探索新型超常电磁介质材料、高温超导材料、高效热电材料以及非线性光学响应材料、核环境下的特殊材料、高质量单晶和薄膜以及各种人工结构材料（如异质结构、光子带隙材料、负折射材料等）

等，是材料科学与物理学、化学、信息科学等学科交叉发展的重要科学前沿。

核心科学问题：基于新的物理思想和新的材料结构设计思路的功能材料；材料超常物理性质和功能优化的计算与模拟；新颖材料功能的新物理机制；人工微结构制备与调控的新方法与新原理；高性能复合材料、人工结构材料或器件物性的表征与优化。

24. 可控自组装体系及其功能化

自组装是具有普遍意义的科学难题，是创造新物质、产生新功能结构的重要手段，是解决当前材料、信息、生命、医学等领域发展瓶颈的希望所在。未来自组装发展趋势将从单一体系到多元体系、从单一层次到多层次、从静态到动态、从不可控到可控、从模型体系到功能化，即以可控的自组装体系和功能化为主要方向，强调化学、生物、物理、材料、信息、医学等多学科的交叉融合，并有望在调控生命过程的方法和技术、创造功能集成的新材料、新信息器件和信息处理系统等方面实现突破。可控自组装的发展，将为物质科学重大问题研究以及在生物、信息和纳米高技术研究中应用提供坚实的科学基础，推动国民经济可持续发展。

核心科学问题：面向功能自组装体系的组装基元设计、制备及组装性质，组装基元间弱相互作用的加合及协同规律；多组分、多层次的合成或生物自组装体系的构造，可控自组装过程及调控规律，组装的终结与解组装，组装诱导的本质与规律；可控自组装体系中的物质输运、能量传递、化学转换以及物理规律，自组装体系结构与功能关系及其在材料、信息器件以及仿生中的应用；自组装结构、过程的系统理论研究方法，复杂体系结构和物理、化学、生物性能的预测；实时、原位检测自组装体系和过程的新原理、新方法以及揭示弱相互作用机制的高能量/空间/时间分辨表征技术。

25. 精密测量物理与关键技术基础

不断挑战并突破时间高分辨、频率高精度、感知高灵敏度的现有水平是精密测量领域追求的目标，也是重大科学发现的基点。21 世纪初，阿秒（10^{-18}s）超短光脉冲的产生，可使人类获得趋近阿秒量级的时间分辨，光场时域—频域的同时精密控制相继引发出一系列新概念和新技术，使得人们可同时在时域和频域实现高分辨的精密测量。另外,精密测量的灵敏度达到了可以感知单光子的程度,开拓出了量子极限精密光谱测量技术。这一系列突破有望提供传统研究手段与技术平台尚无法达到的时间、空间、频谱的超高精度、超高分辨和超高灵敏度,极大地提高人类探索和揭示自然规律的能力,将为许多重要基础科学问题的研究带来革命性突破,包括精确定位、航天、卫星导航、空间探测、遥控跟踪、现代通信、信息安全、生物信息检测、纳米制造与测量等在内的相关领域的国际竞争,也将在量子调控、分子成像、生物/纳米科学、量子探测技术与新量子器件等方面有至关重要的应用。

核心科学问题:突破测量精度现有极限的新概念与新技术;超高时间、空间分辨率的测量;超高精度与超高灵敏度的联合测控技术及其在生化、材料和物理检测中的应用;亚波长尺度下超快光电子学测量;基于超快强场激光的精密测量;基本物理量的精密测量。

26. 空间信息网络基础

空间信息网络是以天基网络为核心,向上支持深空探测,向下支持对地观测,与地面系统互联互通而形成的一个天、空、地立体交联的时空动态信息网络。通过由不同高度的卫星、飞艇、飞机等节点构成的空间信息网络,可以实现多维信息快速获取、远距离传输、快速处理和融合应用。空间信息网络将成为人类探索宇宙奥秘,拓展科学、生产活动至空间、远海,乃至深空的重大信息基础设施。空间信息网络是人类进入空间的桥梁、认识空间的手段、利用空间的基础,与传统互联网相比,空间信息网络利用独特空间优势,能够提供全球信息服务,可望带动新兴产业发展,具有潜在核心竞争力。

核心科学问题:变时空异构网络体系结构;空间网络信息传输;网络化空间信息感知,网络化空间信息的时空一致性表示;空间信息网络协同机制;空间信息网络自组织重构与应用。

"十三五"跨科学部优先发展领域

跨科学部优先发展领域以促进基础科学取得重大突破性进展和服务创新驱

动发展战略为出发点，根据我国经济社会和科学技术发展的迫切需求，凝练具有重大科学意义和战略带动作用的学科交叉问题，为制定重大项目和重大研究计划指南以及重点领域战略部署提供指导。

跨科学部优先发展领域包括：着力推动我国基础研究在拓展新前沿、创造新知识、形成新理论、发展新方法上取得重大突破的领域；着力解决我国传统产业升级和新兴产业发展中深层次关键科学问题的领域；着力提升我国应对全球重大挑战能力的领域；着力维护国家安全和我国在国际竞争中核心利益的领域。

1. 介观软凝聚态系统的统计物理和动力学

介观软凝聚态系统是涉及生物、医学、数学、物理及工程科学广泛且深入的新交叉领域，它将人们对物质性质的了解从原先的原子和分子尺度延伸到介观尺度。研究软凝聚系统多级结构与复杂物理现象联系和特性，理解和控制决定介观尺度功能复杂性的原理与技术，为人类理解生命现象与过程，发展精确的诊断与医疗手段提供关键基础与新技术支撑。

核心科学问题：软凝聚态系统维度降低与尺度减小导致的新物性与新效应，生物小系统和大脑生命过程等调控网络，活性物质相关的非平衡统计物理效应；统计物理理论与方法，量子涨落、量子相变和量子热机等以及颗粒物质、液晶、胶体和水等系统的平衡性质与结构动力学；生命信息分子（DNA、RNA）、蛋白质和细胞的力学特性、信息编码，及其相互作用的神经网络动力学；生理系统及相关疾病诊治的生物力学与力生物学机理和多生理系统耦合、跨分子—细胞—组织等层次生物力学实验和建模仿真。

2. 工业、医学成像与图像处理的基础理论与新方法、新技术

成像与图像处理是工业、公共安全、医学等领域探查不可及物件、内部结构、缺陷及损伤、病变等的基本手段。为支持典型工业及公共安全检测和重大疾病诊断与治疗的需求，聚焦研究工业、医学成像与图像处理的新原理、新方法、新手段和关键技术，实现信息获取、处理、重建、传输等，将为促进工业技术发展、探索生命机理、疾病诊断与治疗和健康器械创新发挥重要作用。

核心科学问题：MRI、CT 及 PET 成像的新方法，多模态光学成像，工业及公共安全、医学图像判读的基础算法;支持精准诊断和治疗的成像、图像处理与重建、建模与优化的新技术新方法,包括图像分析与处理的大数据技术等;可延展柔性电子器件的性能、器件与人体/组织的自然黏附力学机制、生物兼容性与力学交互;生物介质及非牛顿流体中本构关系与物理、生物信息传播特征研究,获取生命活性物质更详细信息的新概念、新方法、新技术。

3. 生物大分子动态修饰与化学干预

人体是由 200 多种共几万亿个细胞组成的复杂系统,越来越多的证据表明基因组不能完全决定细胞的状态和命运;此外,基因组本身、蛋白质组,甚至 RNA 和多糖也处于不断变化和化学修饰的动态过程中,组成生命体的生物大分子(蛋白质、核酸和多糖等)的动态化学修饰对生物个体发育、细胞命运调控和疾病的形成均起着决定性作用。研究生物体内生物大分子化学修饰的动态过程和机制,并对其进行化学干预和调控,对探索新的生命过程和发现新的疾病诊疗手段,均具有重要的科学意义和应用价值。

核心科学问题:动态化学修饰(如蛋白质翻译后修饰和核酸表观遗传修饰等)调控生物大分子结构、功能及相互作用的分子机制;生物大分子动态化学修饰的生物学意义;生物大分子动态化学修饰的探针技术与检测手段;靶向生物大分子动态化学修饰的小分子干预策略;外源(化学合成)生物大分子的修饰和生物功能化。

4. 手性物质精准创造

手性是自然界的基本属性,存在于从基本粒子到宇宙的各个物质层次。手性起源的探索、手性物质的精准创造和功能的发现已经成为化学、物理、生物、材料和信息等领域的前沿科学问题;手性物质与光的特殊相互作用研究也将为手性物质的功能化提供新视野;揭示手性诱导和传递、控制和放大的本质规律,对于发展手性科学与技术的新理论、实现手性物质的精准创造并赋予其新功能具有重大科学意义,将推动解决国家在医药、材料等领域对手性物质方面的重大需求。

核心科学问题:手性物质精准创造的高效性和高选择性;宏观手性材料制备的有序化和可控性;手性功能材料性能调控的分子基础;手性分子的生物学效应。

5. 细胞功能实现的系统整合研究

细胞是由复杂的生物大分子（复合体）和亚细胞结构（细胞器）组成的生命基本单元。以往的研究主要针对单一组分或单一细胞器，而随着组学大规模数据的积累、信息理论的应用，以及化学和工程科学等多学科交叉和融合，系统、整合、跨尺度研究细胞内不同组分和结构的功能与互作机制成为可能。细胞功能的系统整合研究是在对细胞内所有组分进行鉴定和认识的基础上，描绘出细胞的系统结构，包括生物大分子相互作用网络和细胞内亚结构间的互作系统，构造出初步的细胞系统模型，通过不断地设定和实施新干预实验，对模型进行修订和精练，最终获得一个理想的模型，使其理论预测能够反映出细胞的系统功能和真实性。细胞功能实现的系统整合研究对于推动生命基本单元—细胞的功能机制的深入认识，更好地诠释组织、器官和个体生长和发育机制，有效地开展防病治病和农作物生产等，对于未来的人造细胞、合成生命以及新型生物产业发展如细胞工厂、细胞治疗等均具有重要的意义。

核心科学问题：多个细胞器之间的相互作用和网络调控；胞浆中的生物大分子（复合体）与亚细胞结构的相互作用和调控；细胞器形态生成和维持中的力学机制；细胞功能预测和诠释的细胞模型和模拟；细胞器和亚细胞结构的人工设计原理与构建。

6. 化学元素生物地球化学循环的微生物驱动机制

在地球各种生命形式中，微生物类型最为多样，分布最为广泛，生存与代谢方式最为丰富，在生物地球化学循环中发挥关键的驱动作用。微生物通过光合、呼吸和固氮等代谢活动，改变地球元素价态，促进矿物岩石风化、土壤及矿藏形成，介导海洋元素成分和海底沉积物的转化，影响海洋和大气组成，推动地球与生命的共演化。由于技术方法的局限，占总数99%以上的微生物至今尚不能培养，对微生物尤其是未培养微生物在地球化学元素循环中的基础性作用仍知之甚少。研究地球典型环境中如大洋、热液口等微生物群落及结构、生态学特征、功能类群丰度及时空变化规律，阐述微生物受温度、洋流等因素影响条件下各种过程如碳捕获与释放/反硝化等的调控机制，揭示微生物遗传和代谢多样性、关键元素的生物地球化学循环过程、耦合机理与驱动方式，有助于阐明微生物在地球重要元素（碳、氮、硫、磷等）的生物地球化学循环中的驱动机制。

核心科学问题：典型环境微生物群落结构与元素循环的关系；微生物物质代谢途径对元素循环的作用；微生物能量转化机制及其与元素循环的偶联；驱动元素循环关键微生物（群）的环境适应与响应机制。

7. 地学大数据与地球系统知识发现

随着现代科学技术的飞速发展，极大地提高了人类对地球的观测和探测能力，观测数据量成幂律增长。探索地球所涉及的海量静态数据和动态数据，是一种时空大数据，具有典型的多源、多维、多类、多量、多尺度、多时态和多主题特征，其中还包含着大量的非关系型、非结构化和半结构化数据。对地球科学领域的不同来源、不同获取方式、不同结构及不同格式的离散数据，开展结构化重建、关联分析、地学建模，将加速地学知识的融汇，深化对地球系统的认识和理解，可望引发地球科学研究方式的变革。

核心科学问题：三维空间分析与时空数据挖掘方法体系；地学大数据规则化重构；地学大数据关联分析与统计预测；快速、动态、精细全信息三维地学建模方法；三维地学空间数据结构模型；多维时空大数据组织、管理与动态索引；地学大数据计算理论、技术方法与知识发现；资源环境空间格局及其变化探测。

8. 重大灾害形成机理及其减灾对策

我国是一个自然灾害频繁的发展中国家，灾种多、分布广、频次高、灾情综合复杂。对我国经济建设和社会发展有重大影响的自然灾害主要包括气象灾害、地震灾害、地质灾害、海洋灾害、生态灾害等。深入研究灾害事件的致灾机理、灾害发展规律及其与人类活动的相互作用，有效预防和控制自然灾害，最大限度减轻灾害损失，对保证我国经济和社会的可持续发展有着重要的意义。重大灾害形成机理及其减灾对策所涉及的重大科学问题，亟须加强多学科的交叉合作，开展系统综合的创新性研究，形成多学科交叉合作的研究团队。

核心科学问题：强震的孕育环境、发生机理及预测探索；大陆活动火山成因机理与灾害和环境效应；重大滑坡、泥石流等灾害事件的成灾机理；极端气象灾害形成机理；水旱与海洋灾害风险形成机理；重大工程活动及致灾机理；不同类型自然灾害的诱发、成灾和灾害链；人类活动与自然灾害的相互作用；重大灾害的监控预警与风险评估。

9. 新型功能材料与器件

新型功能材料是利用物理和化学的新现象、新效应、新规律获得具有光、电、磁、热、化学和生化等特定功能的材料，主要涉及信息材料、能源材料、生物医用材料、催化材料和环境材料等。新型功能材料与器件是材料、物理、化学、生命、医学、能源和环境等多学科交叉的前沿研究领域，是材料科学领域最活跃的研究地带，具有丰富的学科内涵有待挖掘，相关研究进展将对发展材料新技术，促进国家产业升级具有基础性的重要意义。

核心科学问题：功能材料的新现象和新机制；功能材料及器件多层次结构的表界面调控；新型功能材料的宏量制备与缺陷控制；影响能量转换/存储材料效率的物理机制、器件模型和失效原理；信息探测、传输、计算与存储功能材料及器件的可控制备原理、稳定性及新物性、新效应的物理起因；柔性电子技术关键材料的设计制造与可靠性；催化材料功能调控机理、制备及新型催化材料设计理论和方法；高性能生物医用诊断、替换和修复、治疗、药物载体新材料的功能性、相容性和服役寿命；面向不同功能特性的材料计算基础。

10. 城市水系统生态安全保障关键基础科学问题

随着城市化的快速发展和环境污染的加剧，城市水环境日趋恶化，城市缺水和雨涝等难题也日益严重，城市水系统的生态安全保障正面临严峻挑战。目前以常规污染物控制为核心的城市水环境保护理论、方法和技术体系，已无法满足城市可持续生态安全和人体健康的实际需求，迫切需要工程、化学、生物、地学和管理科学的多学科交叉。以城市水生态系统完整性保护和恢复为核心，深入研究污染控制、污水深度净化与再生利用、生态储存及水环境修复、生态毒理与健康、城市水系统规划管理等基础理论问题；突破水质变化与生态系统响应及交互作用的过程机制，解决城市水系统生态风险控制难题；构建城市水储存、输送和利用的良性循环新模式，创建城市水系统生态安全保障和风险控制的理论和技术体系。

核心科学问题：水生态系统与水质水量变化的交互影响与调控机制；污染物共暴露过程对城市水体生物群落及敏感物种的危害机理；基于生态完整性的城市水环境健康安全与生态修复理论和方法；城市水系统多元循环的物质流、能量流变化规律与动力学模式；城市再生水生态储存与多尺度循环的风险控制原理与途径；城市水系统可持续健康的综合保障策略。

11. 电磁波与复杂目标/环境的相互作用机理与应用

随着计算电磁学理论与方法研究的迅猛发展，通过数值模拟精确地量化研究电磁波与目标/环境相互作用的物理原理与相关规律已成为可能。相应的数值模拟和理论预估可为复杂环境中的目标探测与识别，地下资源的勘探开发，地、海、空、天环境中的信息获取，电磁隐身设计和电磁对抗研究等技术研发提供坚实的理论基础，激励崭新的研究思路并通过精确高效的数值模拟与理论预估工具的研发与应用，促使相关技术研发在质量与水平上产生新的飞跃。

核心科学问题：超电大、多尺度复杂结构目标电磁散射特性建模；地空和海空半空间背景中复杂结构目标的复合电磁散射特性建模；具有普适性的精确、高效的理论建模和数值计算方法研究；随机时变环境（如粗糙地、海面）的电磁散射及与确定性目标电磁散射模型的融合方法；分层介质低频近场探测中的空间选择性和自适应聚焦方法；大规模可信电磁计算中的数理模型验证、校核与评价；非均匀介质中电磁探测的反演解释模型、全局约束条件和解的收敛性、解的置信度分析。

12. 超快光学与超强激光技术

超强超短激光能创造出前所未有的强场超快综合性极端物理条件。基于超强超短激光及其产生的超快 X 射线、g 射线、电子束、离子束和中子束，可以开展阿秒科学、原子分子物理、超快化学、高能量密度物理，极端条件材料科学，实验室天体物理，相对论光学，强场量子电动力学等前沿科学研究，也可推进激光聚变能源、台式化高能粒子加速、放射医学、精密测量术等战略高技术领域的创新发展。

核心科学问题：面向激光聚变、激光加速、阿秒（10^{-18}s）科学等重大需求，突破提升超强超短激光的峰值功率、可聚焦能力、重复频率和电光转换效率的瓶颈问题，力争达到 10^{16}W 的激光峰值功率和 10^{23}W/cm^2 激光聚焦强度；发展中红外等新波段超强超短激光和超高通量激光放大技术；开拓阿秒非线性光学等超快非线性光学新前沿，包括高光子能量和极短脉宽阿秒脉冲的产生与诊断，超快光谱与超快成像等。发展可支撑超高峰值功率与超宽带宽以及新波段超强超短激光、具有超高破坏阈值的新型激光与光功能材料与元器件。

13. 互联网与新兴信息技术环境下重大装备制造管理创新

重大装备制造作为制造业的高端领域，集中了高新技术与先进管理模式的密集点，是工业化国家的主导产业之一。在我国深化经济体制改革、促进产业结构调整的大环境下，充分利用互联网大数据带来的机遇，紧密结合我国复杂装备制造工程管理的实践，开展新型信息技术环境下的复杂装备制造工程管理创新性研究，对实施创新驱动发展战略，促进产业转型升级，保障国家经济安全和国防安全具有重要的理论意义和实践价值。

核心科学问题：复杂装备制造工程管理方法论，复杂装备制造工程管理模式创新，重大装备开发、生产与再制造过程管理，重大装备制造供应链管理的制造质量与可靠性管理。

14. 城镇化进程中的城市管理与决策方法研究

城镇化过程包含了经济社会发展中的各项因素，涉及多部门、多行业的大数据资源共享和协同决策。在城市/交通/土地/产业/环境等各项规划编制过程中，存在跨部门、跨区域、跨学科统筹决策的问题，迫切需要顶层战略设计与方法体系研究。同时，在大数据的时代背景下，新型城镇化过程中城市管理决策理论与实践范式、资源配置与创新发展等方面衍生出新的机遇与挑战。开展新型城镇化过程中的驱动机制、演化机理、规划方法与管理对策研究，对于推动经济、土地、交通、产业、人口以及环境等要素协同发展具有重要科学价值。

核心科学问题：区域产业结构演化模式，城镇化驱动机制，新型城镇化导向下的城市协同理论与方法，人口合理集聚与有机疏散的决策理论研究，城镇化过程中综合交通网络资源配置。

15. 从衰老机制到老年医学的转化医学研究

人口快速老龄化与老年慢性病高发，是全球日益严峻的社会问题。老年医学涵盖衰老基础研究、衰老表型特征及其延缓和干预以及老年慢性病防控的临床转化，是国际前沿热点学科。近年来，国内外科学家相继在衰老机制、临床表型以及衰老相关疾病研究等方面获得突破性进展。随着生物学、基因组学、信息科学等领域技术和研究手段的快速发展，以及与医学的不断深入融合，多学科交叉的、基于衰老机制的老年医学研究将成为认识和防治老年重大慢病的有效途径。充分发挥我国在衰老基础研究领域的国际并行优势，利用我国丰富的人口和临床资源、特色的天然药物、非人灵长类动物等疾病模型，开展老年转化医学研究，争取在该领域实现重大突破，达到国际领先。

核心科学问题：开展衰老系统生物学机制、组织器官衰老、变性与病损机制、衰老相关临床表型特征研究；建立衰老及相关老年慢性疾病灵长类动物模型、特色人群队列和数据库、并利用其开展机制研究；基于穿戴设备和移动医疗技术的人类衰老与健康大数据收集、分析与应用；衰老与相关疾病的早期诊断与靶向治疗；规范化衰老评价体系的建立；基于衰老机制关键环节的小分子药物研究和对相关疾病的干预效果评价。

16. 基于疾病数据获取与整合利用新模式的精准医学研究

随着高通量、高特异性、高灵敏度的基因测序技术，各类单细胞单分子分析技术、各类组学技术、各类化学探针示踪技术、多用途广谱高速生物芯片技术等的突破与推广应用，医学研究已进入大数据和精准化并行融合时代，将逐步实现定量医学、系统医学和医学信息化的目标，对数学模型、信息分析、化学材料、电子器件设计等理论与技术的依赖度大幅提高，需要这些学科的密切交叉和高度融合才能取得实质进展。

核心科学问题：在大数据获取方面，高通量、高特异性、高灵敏度的基因测序、单细胞测序、表观遗传谱系与分子网络检测、NcRNA 测定，各种蛋白质组学、代谢组学、器官组织的定位定量平行数据挖掘等相关理论与前沿技术的再创新，以及可应用于医学检测的生物芯片、串联质谱、化学探针等海量数据获取方法的提升，各类疾病的规模化前瞻性临床队列与大规模亚健康人群的分子群谱大数据的规范化获取，个体化医疗信息获取、分类与存储，医疗信息系统大数据整合与数据库构建；在大数据分析方面，系统整合的数学模型的建立，单或多通路分子动态网络的模式化分析，疾病共性机理或单一疾病的模块式模拟，基于网络药理学的多靶点药物设计，个体化疾病诊治的数据集成与预案推导，重大疾病发生与流行的数字化预警模型与防控时空节点的推演，医疗信息系统构建、数据传输与精准分析等。

"十四五"优先发展领域

1. 代数与几何的现代理论

素数分布；丢番图方程；朗兰兹纲领；群与代数的结构；李理论；表示论与同调理论；代数簇的分类与模空间；流形及度量空间的几何与拓扑；计数几何与数学物理；多复变超越问题；群上调和分析及几何群论；量子 Grothendieck 纲领；粗 Baum-Connes 猜想与粗嵌入理论；Teichmuller 空间理论。

2. 现代分析理论及其应用

Morse 理论和指标理论；调和分析及相关问题；Palis 稠密性猜测；动力系统的稳定性、不稳定性与遍历论；复动力系统的双曲猜测与 MLC 局部连通性猜想；Stein 流形及其全纯映照的基本性质与结构；几何、物理和力学中的偏微分方程；概率与随机分析；量子随机积分的分析理论。

3. 问题驱动的应用数学前沿理论与方法

物质科学典型问题的数学建模与分析；机理与数据的融合计算；不确定性量化；量子计算理论；数据科学和人工智能中的优化模型、算法设计与分析；组合优化、整数规划及随机优化；复杂高维数据的统计计算、计算复杂性理论、建模与分析；数据推断的真伪性判定理论与方法；平均场系统的分析、控制、微分博弈及其数值计算；风险资产和金融风险的建模、模拟与分析；约束最优控制问题；信息技术中的数据隐私保护与安全；工业设计制造中的核心数学方法；脑网络与生物建模分析中的关键数学问题。

4. 复杂系统动力学机理认知、设计与调控

面向先进运载工具、重大装备等复杂动力学系统，重点研究动力学正问题中的新理论、新方法和新实验，动力学反问题中的建模与辨识、监测与诊断，动力学设计问题中的系统特性和响应设计、拓扑和参数设计，动力学控制问题中的系统模型降阶与验证、新感知与调控方法等。

5. 新材料与新结构的力学

面向航空航天、先进制造、新能源等领域对优异力学性能、特殊功能的新材料和新结构的迫切需求，重点研究新材料的本构理论、破坏理论、多尺度力学行为、新实验与计算方法，新结构的力学设计与分析、安全寿命评估、多功能驱动的设计方法、智能技术相结合的分析方法等。

6. 高速流动的理论、方法与控制

面向航空、航天、航海等领域高速流动中力–热–声的多物理过程、多尺度结构的非平衡态湍流等复杂流动，重点研究流动中多因素耦合作用机制，计算模型的建立与复杂现象的复现，湍流多尺度结构演化机理、时空关联理论和模型，高精度计算方法和实验测量技术等。

7. 暗物质、暗能量以及星系巡天研究

围绕宇宙的起源和演化前沿科学问题，重点研究暗物质和暗能量的本质，宇宙网络中的星系形成与演化，超大质量黑洞的起源与演化。

8. 银河系、恒星、太阳及行星系统的多信使探测及研究

围绕和人类密切相关的银河系演化和日地环境等前沿科学问题，重点研究银河系、恒星的形成和演化，行星的宜居性，日冕加热的机制，太阳磁场的产生、储能及释能的物理机制与太阳活动预报，天体空间位置精确测定、动力学和应用研究，引力波、宇宙线、中微子的天体源和产生机制，为解决银河系演化、引力波、太阳活动预报、行星科学、空间目标探测及导航等重大科学问题提供理论和观测基础。

9. 近地小行星动力学特性及监测研究

近地小行星的起源与演化、物质组成与结构、动力学性质、辐射特性；近地小行星编目、轨道监测与预报关键技术；近地小行星撞击风险以及对地球环境影响的评估、主动防御关键技术。

10. 面向下一代望远镜的关键技术研究

围绕天文精确观测面临的关键技术问题，重点研究大口径光学/红外望远镜及科学探测技术，射电望远镜及科学探测技术，空间望远镜及科学探测技术，为主导建设国家重大天文观测设施、取得重大天文发现提供技术支撑。

11. 量子材料与器件

围绕量子材料制备、物性研究和器件物理中的基础性重大科学前沿问题，重点研究高温超导等强关联体系，非平庸新型拓扑材料，新型磁性、多铁、光电和热电材料，二维材料及其异质结构，复合材料体系、纳米体系和软凝聚态体系等，深入研究新型量子器件物理与技术，发展多体理论与计算方法，为制备新型量子材料、研制新型量子器件提供理论和基础支撑。

12. 量子信息和量子精密测量

围绕量子计算、量子通信、量子传感、量子精密测量等重要领域，重点研究量子计算、量子模拟与量子算法，量子通信实用化技术及其科学基础，量子存储和量子中继，量子导航、量子感知和高灵敏探测，高精度光钟、时频传递的新原理与方法，空域-时域精密谱学及量子态动力学测量技术，为量子科技领域提供人才储备和科技支撑。

13. 复杂结构与介质中的电磁场和声场的机理与调控

围绕复杂结构与介质对电磁场和声场的调控这一科学前沿与重大需求，重点研究具有特定时空序构的电磁/声超构材料及超构表面，电磁/声人工体系中的单向操控，拓扑电磁/声学体系，设计多功能、可重构/调谐的新型电磁/声人工器件，为发现电磁场、声场调控新机理，实现新型光、声器件的研制和应用打下物理基础。

14. 基本费米子及其相互作用

围绕基本粒子的质量起源和基本性质，依托粒子物理大科学装置，重点研究中微子质量序和质量；中微子振荡中的 CP 破坏；夸克混合和 CP 破坏；韬轻子物理；重味夸克物理；夸克的稀有衰变和新物理；重子数和轻子数破坏过程和作用力统一，推动粒子物理理论的完善和发展，揭示物质最深层次结构及其演化规律。

15. 强相互作用力的本质

围绕受强相互作用支配的物质层次中展现的各类对称性和复杂现象，重点研究量子色动力学在高能对撞过程的应用；格点量子场论及计算；手征对称性的自发破缺和恢复研究；极端条件下 QCD 的对称性性质和相结构探索；奇特态和强子谱学；奇特核、奇异核、超重核以及宇宙中元素合成机制；原子核中的对称性及其破缺机制，深入认识强相互作用力的本质，揭示物质质量来源和元素起源。

16. 热核聚变中的关键科学问题

围绕热核聚变能源应用需求，面对全新的等离子体状态，重点研究不稳定性及湍流和输运；边界等离子体物理和控制；多束激光等离子体相互作用；粒子能谱的非平衡特征对粒子能量输运等的影响；高能量密度等离子体界面不稳定性；强耦合等离子体的输运和辐射性质；等离子体混合，提高聚变等离子体行为预测和控制能力，为工程发展提供理论支撑。

17. 分子功能体系的精确构筑

面向为发展变革性与战略性功能材料提供物质基础的重大需求，系统研究功能分子、团簇与分子聚集体等物质中原子、分子与基元间相互作用的协同与调控机制，厘清多层次结构与功能间的构效关系，重点关注大分子、超分子等的精确构筑、动态演变及其理论模拟，以及具有结构微/纳体系的自下而上构筑策略和跨尺度结构演化，以期高效、低能耗、可持续地创造具有丰富功能的新物质。

18. 非常规条件下的传递、反应及测量

面向物质的精准构筑、功能的可控调节及对其结构认知极限需要对测量手段的迫切需求，重点研究在极端、极限、外场调控或受限空间等非常规条件下的物质转化、能量传递及其反应耦合过程，发展具有极限分辨能力的超高时空分辨表征技术与理论，为物质高效合成、认识自然规律和生命过程提供理论指

导和实验手段。

19. 物质科学的表界面基础

围绕凝聚态物质的表界面生长控制及结构与性能调控等关键问题，重点研究原子/分子在表界面上的吸附、扩散、生长、组装与反应，表界面电荷转移与能量传递，表界面对称性破缺、缺陷和掺杂以及异质界面构筑对性质影响的微观机制与作用原理，极端条件下材料表界面物性研究，表界面研究的新技术、新理论和新方法，在原子和分子层次上揭示凝聚态物质的表界面结构与性能关系，实现功能体系的理性设计与制备。

20. 分子选态与动力学

围绕有关化学反应本质机理与调控、气相与表界面重要化学过程等方面问题，聚焦多原子反应动态学，表界面化学反应动力学，分子振动激发态、电子激发态及非绝热动力学等方面研究，以期为燃烧化学、大气化学、星际化学、激光化学以及催化等学科提供理论基础和技术支撑。

21. 超越传统体系的电化学能源

瞄准储能技术发展需要,重点发展电化学能源体系变革性技术的基础理论、研究方法和器件系统，推动原理创新和工程技术突破。为电化学能源新原理的发现，新材料体系的构建、可再生能源的规模化利用以及化石能源的绿色转化提供理论和技术支撑。

22. 新范式下的分子化学工程

面向化工、新材料领域对本质安全化、绿色化、产品高端化发展的重大需求，重点研究纳微流体原位观测和分子模拟新方法，揭示从分子到纳微尺度的传递反应规律及机制，建立跨尺度的分子工程科学理论，指导实现物质精准转化和产品结构可控，构建从分子到工厂的无级放大新范式，突破关键核心技术，为碳达峰碳中和、下一代大数据中心热管理材料、环境治理插层材料、重大疾病治疗药物等提供理论和技术支撑。

23. 多功能耦合的化学传感与成像

围绕复杂体系中化学信息的准确获取，重点研究多功能耦合的化学传感原理、技术和方法，极微弱传感信号的实时、原位和无损信号辨识与解调，极低能量的复合驱动、高灵敏捕获、传输及解调，多参数、多功能和超高灵敏器件的特性及其外界刺激响应的机理，超高时空分辨光谱技术与成像分析，多维谱学原理与技术，活体的原位和实时分析，具有选择性和特异性的高灵敏、多功能诊疗试剂。为复杂体系的成分、结构与性能的表征提供新的科学原理和技术支撑。

24. 免疫与神经化学生物学

围绕免疫学中的重大科学问题，重点关注小分子（包括金属离子）介导的免疫调控与干预，为开发原创性的基于小分子的免疫诊疗技术提供支撑。针对神经行为的化学生物学本质以及相关疾病的致病原因，重点关注化学探针和标记技术、原位实时观测技术、结构生物学技术，促进神经性疾病研究。

25. 绿色合成方法与过程

面向我国制造业绿色改造升级的重大需求，着力发展高效绿色合成方法，基于人工智能与自动合成，实现合成方法的智能化、自动化、集成化，开发高效绿色化学及生物转化策略，推动资源的循环利用，推动高端及重要化学品的绿色智能制造和绿色生物制造，以及再生资源化学与循环化学的工业化应用。

26. 能源资源高效转化与利用的化学、化工基础

面向能源资源转化技术绿色、低碳、高效、智能、多元化方向发展的重大需求，重点研究载能化学物质之间的转化、电/光/热/机械能与化学能之间的转换、能源的化学转化机制与理论、能源资源高效转化与利用的化工基础，为引领能源技术革命和资源高效清洁利用提供理论和技术支撑。

27. 环境生态体系中关键化学物质的溯源与安全转化

面向我国生态环境质量改善和绿色发展的重大需求，重点研究重金属及化学污染物等的广域溯源、赋存形态、界面行为、迁移转化、防控治理、健康危害与生态风险，为环境化学污染物常态及应急状态下的精准管控与治理提供理论和技术支撑。

28. 大数据与人工智能在化学、化工中的应用

面向人工智能、大数据领域的快速发展与化学化工学科交叉融合的重大需

求,重点研究化学和化工关键基础数据库的构建及机器学习算法的建立与优化,人工智能在功能分子设计、化学反应与测量,以及系统工程等领域的应用,为功能分子设计与合成、材料结构的快速鉴定、化学反应预测、化工过程优化以及人口健康相关领域,提供完备的基础分子和材料数据库以及高效、智能、专一性强的机器学习算法和化学新认知和新理论。

29. 新材料的化学创制

为满足信息、能源、医学、环境、制造等领域对核心材料和关键技术的需求,重点发展新材料的分子设计与规模制备,全周期可控的材料绿色制备、再生与循环利用的新策略,实现关键材料及相关技术的突破,催生变革性的新产业和新领域。

30. 地球与行星观测的新理论、新技术和新方法

面向地球关键过程或关键组分观测的技术突破与行星探测的科学前沿,重点研究地球与行星物质的物理化学性质和过程的观测技术、实验方法与计算模拟技术;深空、深地、深时、深海和宜居地球探测技术集成;地球科学大数据的分析、同化、融合和共享技术;地球观测和多源数据融合平台构建及关键技术;纳米地球科学与行星地球科学新技术、新方法及相关仪器设备;多尺度、多参数和跨维度综合分析平台;大质量动能撞击小行星动态响应和能量传递规律、近距离核爆对近地小行星的作用机理、非接触式近地小行星引力牵引作用机理及轨道偏移技术,为建立数据−模式驱动的科学研究范式,革新地球系统多圈层定量集成研究手段提供支撑。

31. 地球和行星宜居性及演化

围绕地球与行星多圈层系统中物质和能量的耦合演化过程,以及行星宜居环境的形成和演化过程,重点研究宇宙、太阳系起源与演化;日地空间物理与空间大气;行星大气同位素特征及其对宜居性的影响;行星电离层同位素组成与大气逃逸机制;宜居行星物质来源及挥发分演化;行星宜居性演变的关键地质过程制约;地球和行星环境及生命演化;地表环境灾变及其与太阳及行星活动的关系;近地小行星撞击瞬时作用及引发次生灾害、撞击对地球长期影响、

进入大气层热力学与动力学过程。为地球与行星科学的发展和创新提供多学科融通视角，开辟有效的研究途径。

32. 地球深部过程与动力学

围绕地球深部物质、结构和运动信息，以及地球内部圈层之间的相互作用机理，重点研究全球及典型区域深部物质、结构和运动特征；地球深部与浅表系统互馈机理与效应；大陆岩石圈流变演化及其资源、灾害效应；地幔柱的起源、结构成分及其环境效应；地球深部过程及演变对资源环境的控制机制；板块俯冲起始的关键条件和驱动力；俯冲界面岩石圈流变性质与物质变化；板块物质运动的时间与空间轨迹的精确描述技术与方法；地球内/外核的结构与成分；地核的形成与演化；地球发动机动力学；核幔边界结构与成分，为探索地球深部与表层过程的耦合关系，发现固体地球多尺度运行规律奠定基础。

33. 海洋过程与极地环境

围绕海洋多圈层的动力过程、生命、化学过程，特别是深海大洋和极地、陆海交互带对地球系统的调控机制，重点研究海洋动力学及其与生物地球化学、生态过程耦合作用；极地环境快速变化与多圈层相互作用；北极海冰变化与全球气候系统的相互作用；极地冰冻圈快速变化产生的生态环境与重大工程安全；冰盖与冰架热力-动力不稳定性机理；地球南北极与青藏高原气候与环境变化的放大效应机理；深海多圈层物质能量循环及资源效应；高-低纬海洋过程对全球变化的驱动和响应；近海多界面耦合过程；海洋多尺度动力过程与海-气相互作用；深海极端环境下的生命特征、生存极限及适应策略的遗传、生理与生化机制及其结构基础；微生物驱动黑暗深海物质循环、能量流动与生态系统平衡的过程与机制；生命起源及深海生命与地球的协同演化机制；洋-陆边界深部过程及资源效应，为构建海洋多尺度运动理论框架，以及国家陆海统筹、蓝色经济和海洋可持续发展提供科技支撑。

34. 地球系统过程与全球变化

围绕地球表层系统各圈层不同时空尺度的演变与运行规律，以及地球系统演变的资源环境效应，重点研究地球多圈层相互作用过程与环境及区域效应；生物与环境协同演化机制；典型地理单元生物地球化学循环与生态、社会和健康效应；地球系统碳转化速率与影响；多尺度气候-水文-土壤-植被耦合机制与模拟；碳循环关键过程对升温和大气二氧化碳浓度的敏感性；人类社会排放、土地利用变化和物质循环等对气候系统的反馈；地表系统对生命支撑要素的承载力；气候变化对自然-社会-经济复合系统风险预估与有序适应；海-陆-气相互作用与数值模拟；陆面模式与碳氮循环过程；新一代气候系统与地球系统模式；地球形变与地壳运动、陆海基准、近地空间天气效应及地球内部质量迁移的综合观测与融合分析，为认知地表过程和气候变化与地球生物和人类社会发展的相互作用关系，预测未来的地球表层过程、生物多样性、资源环境及环境变化趋势提供关键科学证据和理论支撑。

35. 天气与气候系统与可持续发展

围绕大气中的物理、化学过程，及其与不同圈层的相互作用，发展高精度数值模式，重点研究大气物理、大气化学过程及相互影响机制；大气能量和物质循环及圈层相互作用对天气气候、大气环境的影响；天文因素对地球气候变化的影响；天气气候、大气环境变化的机制及预报预测理论和技术；气候系统中云和大尺度大气环流及其之间的相互作用；天气气候数据均一化、同化、再分析技术与系统；气候变化与水循环时空变异及机理；天气和气候极端事件与灾害风险形成机制；气候变化的区域响应与适应；气候系统监测平台；大气模式与气候系统，为满足可持续发展需求，增强防灾减灾和应对全球变化能力提供科技支撑。

36. 资源能源形成理论及供给潜力

面向实现国家资源安全供给和支撑高质量发展目标，重点研究资源形成与富集机理；深层油气勘探理论与技术；天然气水合物开发理论与技术；地球内部有机-无机相互作用及资源效应；圈层物质循环与成矿；全球典型沉积盆地火山热液、缺氧事件和全球性快速气候变化与富有机质沉积体的关系，在常规油气高效勘探、非常规油气资源"甜点区"预测、战略性紧缺矿产资源富集等方面夯实科技创新的基础。

37. 轻质金属材料前沿基础

围绕轻质金属材料强韧化与使役性能综合提高的问题，重点研究镁合金、铝合金、钛合金等轻质金属材料设计、计算及组织性能调控新技术，原材料成分控制、合金变形机制及塑性加工新理论，腐蚀、摩擦磨损和疲劳等使役行为与防护新机理，为构建轻质金属材料体系化自主研制和保障奠定科学基础。

38. 面向5G/6G通信的信息功能材料

围绕 5G/6G 通信用关键高性能材料面临的重大需求，优先发展新一代高性能通讯用低损耗电磁介质陶瓷、精密压电、介电、多铁、半导体等新材料，重点研究材料与器件一体化设计新原理、制备新工艺、器件集成及评估新方法，探索新型通讯器件的新概念，如超构、拓扑、突现等，为发展新一代通讯器件提供理论和技术支撑。

39. 生物医用高分子材料基础

围绕高端生物医用高分子材料发展面临的问题，重点研究基础生物医用高分子材料，高分子诊断材料，植入介入高分子材料，药用高分子材料，材料的合成新方法，高分子材料与生物活性分子、细胞和组织之间的相互作用，生物医用高分子材料的多功能协同与集成新方法，有效支撑生命健康领域对高分子材料发展的需求。

40. 材料多功能集成与器件设计理论基础

面向人工智能、新能源等战略性新兴领域对材料多功能集成的重大需求，重点研究材料多功能耦合与集成新原理，功能集成驱动的材料设计新方法，具有奇异功能组合的新概念材料，多尺度、多维度和多自由度相互作用的材料复合体系，为柔性电子、存算一体、精准医疗和极端环境新能源等领域的材料多功能集成与器件设计提供理论和技术支撑。

41. 战略性关键金属资源开发利用基础理论

围绕我国战略性关键金属领域面临的资源处理的复杂性难题，重点研究极端/受限环境关键金属矿采矿，低品位资源矿相转化与金属超常富集，共伴生相似元素深度分离，二次资源绿色循环利用，高纯金属制备与材料加工，冶金过程数字化与智能化，海水中战略关键金属资源的分离提取与利用等，建立关键战略金属资源高效开发-高值利用的理论基础与技术体系。

42. 低碳能源电力系统与电能高效高质利用理论与技术

围绕碳达峰碳中和战略目标对能源电力系统"源网荷储"全环节低碳化的要求和挑战，重点研究高比例可再生能源电力系统安全稳定运行，规模化高安全电力储能，先进电工材料、器件和装备，电能高效高质转换与变换，高性能电气计算与数字孪生，综合能源高效利用与能源互联网等新理论、新技术，形成支撑高比例清洁发电和电能利用的基础理论和关键技术体系，助力能源系统深度脱碳。

43. 高性能机电装备设计与制造的科学基础

围绕机电装备功能集成化、性能极端化发展带来的挑战，重点研究复杂机电系统多学科集成，机器人化智能装备基础，核心基础件的高能效、高性能、低噪音和长寿命设计，极端服役环境下装备可靠性与智能运维，精准成形制造，超精密、超高速或超强能场加工，高性能装配与数据驱动的智能制造系统，多维多参数测量与微纳制造，为创新装备制造基础理论和设计方法奠定基础。

44. 高效农机装备设计与理论

围绕作物柔性体和复杂农田环境带来的低可靠性作业问题，重点研究土壤-作物-机器系统互作机制，高效低损作业机构设计理论；探索作业信息快速感知、作业变量有效决策、作业指标精确监测、作业故障精准诊断方法；突破耐磨减阻及高密封性新材料技术，丘陵山区特殊地形适应性作业技术，为农业现代化作业装备提供有效科学支撑。

45. 土木工程基础设施智能化建造、安全服役与功能提升理论基础

围绕土木工程全寿期安全保障与综合性能提升面临的关键问题，重点研究基础设施智能设计建造，高性能材料与结构一体化设计，复杂环境基础设施全寿期性能与韧性提升，既有土木工程结构智能诊断、运维保障与功能提升，高性能土木工程智能化、工业化与绿色化基础理论与关键技术，为国家重大战略基础设施建设提供重要科技支撑。

46. 巨型水网安全基础理论

面向巨型水网灾害风险挑战，重点研究江河中长期水沙演变和预测，巨型水网水文效应与动力学，高效节水和水资源适应性管理理论，水资源空间均衡理论，水工程智能建造与安全服役理论，水灾害风险评估与防控，水生态安全保障理论。探索巨型水网水文-生态-工程-社会耦合机制，形成理论技术体系，为国家水网建设提供基础科学支撑。

47. 城市水循环过程的水质安全保障

围绕水中高风险污染物和水传播病原体的控制要求和挑战，围绕城市水系统物质循环与水质变化的耦合过程，重点研究水质安全评价方法和基准制定理论，饮用水的化学、生物与毒性安全及全过程风险控制，污水能源资源转化与多目标循环利用，再生水生态融合、生态循环与水质安全信息智能管控，为保障水质安全、构建可持续城市水系统奠定基础。

48. 深海与极地工程装备设计和运维基础理论

围绕深海和极地工程装备设计的理论难题，重点研究极端海洋环境演化，多尺度海洋装备动力学、流-固-冰-气耦合、巨系统韧性控制理论，深海与极地动力装备可靠性和水下声学特性，形成海洋开发和探测装备的设计、施工和运维新方法。

49. 新型光学技术

围绕未来光学领域面临的超精密像差控制、超高分辨率探测、极弱信号获取、大容量信息传输等技术挑战，探索新的光干涉、衍射及光谱分析等方法，研究突破光学衍射极限的成像方法，新型纳米光刻光学技术，极端光学检测技术，新型光学材料与核心器件、新型激光技术等，为高端精密仪器、智能装备等产业发展提供关键技术支撑。

50. 光电子器件及集成技术

围绕高速率、低功耗、集成化与智能化光电子器件面临的新问题、新挑战，研究微波光子器件及集成，红外及太赫兹光电子器件，智能光计算与存储器件，光量子器件及芯片，异质异构光电子集成技术，片上多维光电信息调控技术等，为满足下一代信息技术的发展需求提供有效支撑。

51. 宽禁带半导体

围绕宽禁带半导体大失配外延、掺杂与异质集成等难题，研究大尺寸单晶衬底与外延生长，异质结构构筑、集成及物性调控，硅基等异质集成技术，高性能器件制备工艺、模型和可靠性评测方法等，推动核心装备研制，支撑宽禁带半导体器件与系统的发展与应用。

52. 电子器件、射频电路关键技术

围绕电子信息系统向空天地海应用拓展带来的新问题，研究极端和复杂应用条件下高性能集成化电子器件、敏感器件以及微波光子器件与系统原理，发展新材料、新架构、新机制的电路、射频模块及天线技术，探索高效电磁计算、电磁波智能调控方法，以及电子信息系统跨越发展新技术，服务国家电子信息产业发展战略。

53. 多功能与高效能集成电路

围绕集成电路面临的效能瓶颈及功能融合复杂性等挑战，研究新型逻辑、存储和传感器件，新型计算范式，新材料和跨维度集成技术，以及系统-电路-工艺协同设计、敏捷设计与智能化设计等新工具，研发高端芯片、功能融合芯片及核心装备技术，支撑未来信息系统发展。

54. 精准探测与信息融合处理

围绕复杂环境和复杂目标信息获取与处理的难题，探索多源融合探测成像、多维度稀疏信号处理、智能遥感信息处理与目标识别等新机理、新方法，发展典型环境声信号感知、高维图像及媒体信息等动态协同处理方法，为国家应急响应系统建设及应用拓展提供技术支撑。

55. 新型网络及网络安全

为应对网络的可扩展性、时效性和安全性难题，研究多模态智能网络，包括新型的软件定义网络、数据中心网络、云边端融合网络和工业互联网等网络；研究网络安全，涉及新型的量子密码、物联网安全、匿名网络治理、区块链、关键信息基础设施安全和网络内生安全等技术，开展未来网络基础理论研究、

底层框架与传输协议相关基础研究，为构筑新一代高效安全可控的网络空间提供支撑。

56. 空天地海协同信息网络

围绕空天地海协同信息网络发展需求，研究协同融合网络的信息论基础和通信理论，多尺度、跨媒介信息高速实时可靠传输机制，高移动场景全频谱全覆盖信息网络一体化组网理论与智能管控机理，水下信息感知探测与传输组网基础理论、水下无人装置与水面船舶互联基础理论，服务船联网应用技术研发，有效支撑一体化多业务空天地海信息网络建设及应用。

57. 工业信息物理系统

围绕制造过程复杂场景认知、调控和优化决策等难题，研究工业信息物理系统智能构建、信息感知与认知、数字孪生与交互、跨层域协同控制与优化决策、系统安全管控、人机共融风险动态评估与决策等关键技术，有效支撑制造业网络化、智能化发展。

58. 安全可信人工智能基础理论

围绕人工智能应用中的安全可信复杂性难题，重点研究大型知识库自动构建、表示与推理等方法，探索自主遂行复杂任务的智能本体理论，建立具备自主学习和进化能力的认知模型，发展通用人工智能算法，支持安全可信人工智能模型验证，有效支撑工业、医疗、公共安全等领域人机混合应用的快速发展。

59. 类脑模型与类脑信息处理

为克服构建类脑智能模型等难题，重点研究复杂环境高性能智能视觉传感器及系统技术，对视听感知等生物智能对应脑区的神经网络实现精细模拟，从而构建大脑视觉智能和芯片功能验证方法体系，探索大脑信息处理机理，为类脑自然环境的感知、理解和自主决策奠定理论基础。

60. 智能无人系统技术

围绕复杂环境下智能无人系统自主控制、协同、安全等难题，重点研究个体、多体、群系统建模与多尺度调控等新机制，以及资源受限条件下信息获取、交互与共享，开放环境下态势感知、协同控制与动态博弈，系统本质安全、可信评估与快速自愈等新技术,为实现智能群系统自主协同与安全免疫奠定基础。

61. 生物与医学电子信息获取和处理

面向生物电子系统微型化和信息多样化等面临的新挑战,重点研究分子、细胞和生物系统信息融合交互方式,以及光遗传分析等新方法,发展新一代生物电子芯片与微系统技术,形成生物医学传感与影像数据的高灵敏、跨尺度信息检测和处理能力,探索生物信息的本质及演化规律,以及医学信息的新方法、新技术,为提升国民健康水平提供信息技术支撑。

62. 生物重要性状与环境适应的进化机制

自然选择、适者生存是进化论的基石和生物学最基本的核心问题,重点研究重要性状起源、进化与人工驯化,全球环境变化对生物重要性状和功能进化的影响,极端环境适应性进化的遗传基础,种间互作关系的进化与协同进化机制,重要类群的基因组系统发育和生命之树重建,物种形成机制等问题,揭示进化规律与机制,为环境变化应对提供理论支撑。

63. 病原微生物致病及与宿主互作机制及免疫调节

围绕感染与免疫这一与人民生命健康密切相关的领域,重点研究重要病原微生物的基本生物学特征、变异和溯源,鉴定新发病原微生物,揭示关键致病因子和耐药机制,了解宿主对病原微生物的免疫应答,免疫细胞分化与功能,免疫记忆异质性的分子基础和免疫记忆的形成机制等问题,理解感染性疾病发生机制和免疫机制,为干预策略提供理论基础。

64. 细胞命运可塑性与器官发生、衰老和再生的分子基础

围绕再生医学和应对老龄化社会的重大需求,重点研究细胞命运可塑性及发育潜能调控机制,器官发生机制,成体干细胞的鉴定、体外扩增和干性维持,器官再生修复关键功能细胞的鉴定,组织器官稳态维持与衰老机制,类器官和类系统的构建及应用,细胞命运操控等问题,为干细胞治疗、在体修复、器官再造提供理论依据和方法策略。

65. 机体功能活动的生物信息流

生物信息流是生命存在的基本特征和生物学的前沿科学问题,重点研究基

因的结构、功能、变异、传递和表达规律，核酸修饰与调控，染色质装配及高级结构，表观遗传信息的建立与继承，发育与衰老相关的遗传和表观遗传调控，细胞对环境信号的响应与记忆，代谢信息流的产生与调控等问题，以揭示生物信息流基本规律，理解其在健康与疾病状态中的意义。

66. 生态系统对全球变化的响应与适应

面向全球变化对生态系统的冲击这一日益严峻的国际性挑战，重点研究生态系统多功能性、稳定性及其对全球变化的响应；生态系统不同功能间的协变、区域变异及其调控；性状、物种丰富度与谱系多样性对生态系统的调控；全球变化下植物和微生物互作对多功能性及其稳定性的调控；生态系统固碳能力提升等问题，为打造美丽中国生态环境提供科学基础。

67. 林草生物质定向培育与高效利用

面向我国农林剩余物规模化转化与利用的重大需求，重点研究木质纤维碳水化合物复合体结构屏障高效降解与组分清洁分离策略，木质纤维组分分子定向重组与功能化机制，木质素高效分离，降解及构效关系基础，林木次生代谢产物的高效合成及分离，林木特异次生代谢物及林木纤维合成林源蛋白的生物反应器设计与功能评价，优质安全与功能型草产品加工调制的生物学基础，为农林剩余物高效利用和生产高附加值产品提供理论和技术支撑。

68. 食品安全与营养、品质的生物学基础与调控机制

面向人们对食品安全和营养健康日益增长的重大需求，重点研究食品加工及制造的生物学基础与调控机制，食品营养组分与肠道菌群的相互作用，食品安全危害因子的检测与防控机制，优良食品微生物菌种选育与制备，食品感官品质形成机理及调控机制，食品及粮食贮藏与保鲜过程中品质劣变的生物学基础，为高品质健康食品制造提供技术支撑，为保障我国食品安全与人民生命健康提供理论依据。

69. 农作物重要遗传资源基因发掘及分子设计育种的理论基础

面向种业自主创新的重大需求和重大科学问题，重点研究重要农作物遗传资源保护、利用与种质创新，农作物野生近缘种的遗传多样性和分化，农作物

起源、演化规律与人工驯化，农作物种质资源优良基因规模化发掘和高通量评价，农作物重要农艺性状的遗传机理和基因调控网络解析，农作物品种分子设计和基因组编辑的理论与模型，为农作物分子设计育种以及突破性品种培育提供优异种质和重要基因。

70. 园艺作物品质性状形成与调控机理

面向园艺产业从数量扩张到优质高效升级转型的重大需求，重点研究园艺产品外观、色泽、风味品质、营养物质形成基础与调控，品质形成的级联调控机制及其调控网络，植物激素信号转导与品质形成的交互调控机制，园艺产品品质形成与环境耦合的信号途径与调控机制，基于分子调控网络的品质调节物质的研究，为园艺产品品质调控与营养成分改良提供理论和技术支撑。

71. 农业动物重要性状形成的生物学基础

面向畜禽、水产育种效率提升等重大需求，重点研究高效精准育种为导向的组学大数据分析与基因组选择方法，动物重要经济性状功能基因挖掘，动物生长、抗病、繁殖、品质等性状形成的生理生化基础，动物表型组智能化、规模化检测新方法和新工具，动物肠道菌群-遗传互作及其对重要性状的调控机理，为畜禽、水产高效育种技术研发和优良品种培育及持续改良提供理论依据和技术支持。

72. 农业动物重要疫病病原的生物学

面向重要动物疫病和人兽共患病防控的重大需求，重点研究动物重要疫病的传播机制，流行规律与预警，动物重要疫病病原的结构与功能，动物重要疫病疫源的感染与致病机制，动物新发重要疫病病原的免疫生物学，动物再现重要疫病病原的遗传演化与变异机制，动物抗新发和再现疫病病原感染的免疫机理，为动物疫病的疫苗、诊断技术、药物设计以及防控策略制定提供理论和技术支撑。

73. 重大疾病的共性病理机制

针对重大疾病防治策略的重大需求，探寻复杂疾病共性病理基础，重点研究非可控性炎症的调控机制，细胞能量代谢的稳态调控与失衡机制，细胞异质性与微环境，微生态的动态图谱及其变化规律，遗传因素与环境因素互作规律，组织器官损伤、修复与再生机理，以阐明重大疾病发生发展与转归的共性规律和机制，为疾病防治提供新思路。

74. 免疫异常与重大疾病

针对免疫治疗策略应用于疾病防治的重大需求，重点研究恶性肿瘤、感染性疾病、自身免疫性疾病等重大疾病发生发展过程中免疫应答调控的多层次多尺度新机制和规律特征，免疫微环境的构成和动态演变机制，探寻基于免疫应答和免疫微环境的个体化诊疗新策略，为重大疾病免疫治疗提供理论基础。

75. 肿瘤发生与演进机制及防治

针对肿瘤精准诊断和个体化治疗的重大需求，重点研究肿瘤多维度表型特征和细胞命运，肿瘤异质性和微环境变化规律及调控网络，寻找肿瘤筛查和早诊新方法，建立肿瘤治疗新技术和综合治疗新策略，为肿瘤防治提供新思路和新方法。

76. 重大慢性病发病机制与防治

针对降低重大慢性病负担、提高患者生存质量的重大需求，围绕心脑血管疾病、内分泌及代谢疾病、慢性呼吸系统疾病等常见重大慢性病，重点研究其致病因素、发病机制和风险预测体系，构建人类疾病动物模型，为重大慢性病的病因预防、早期诊断和精准治疗提供科学依据。

77. 重大传染病发病机制、预测预警与防控

针对新发突发传染病风险及常见传染病防控的重大需求，重点研究重大及新发突发传染病的预警、防控及临床救治新策略，病原体的快速分离与鉴定、致病机制，诊断试剂、药物和疫苗开发，为健全和完善重大传染病卫生医疗救治体系和救治服务能力提供理论和技术支撑。

78. 脑科学与重大脑疾病

针对我国神经精神疾病高发现状，面向脑科学研究前沿，开展脑结构解析、脑发育及脑功能研究，重点研究脑血管病、阿尔茨海默病、帕金森病等重大脑疾病的致病机理，常见精神障碍性疾病、麻醉、疼痛与成瘾的神经基

础、高风险人群的筛选策略及早期精准诊疗技术，为重大脑疾病的防治提供科学理论与方法。

79. 衰老与健康增龄

围绕应对人口老龄化的重大需求，重点研究器官、组织、细胞衰老的生理机制及衰老相关疾病的发生机制与干预策略，延缓组织器官衰老、长寿相关关键因素及机制，老龄化相关健康医疗大数据分析与应用，建立衰老评价体系，发展可穿戴设备和移动医疗技术，为推进老龄化健康和老年疾病的防治提供理论和技术支撑。

80. 生殖健康及遗传与罕见疾病

针对生殖健康的重大需求，重点研究生育力建立和维持的关键机制及生育力下降的发生机理，重大出生缺陷和遗传性疾病的病因和发生机制，孕前、孕期、产前筛查诊断和宫内干预治疗技术，妊娠与分娩相关危重症发生机制、早期预警与干预，早产和胎儿生长受限的发病机制及预测、预防，生殖健康研究的新模型和新体系，遗传与罕见疾病的发病机制和防治策略，为提高人口生育力、减少人口出生缺陷和提升人口素质提供保障。

81. 儿童重大疾病的发病机制与防治

针对提高儿童保健与疾病诊治水平的重大需求，重点研究儿童恶性肿瘤、遗传代谢内分泌疾病、心血管疾病、呼吸系统疾病等常见疾病的病因、机制及防治，揭示儿童生长发育规律、疾病谱及其病因构成、发生机制和转归，儿童重大疾病的风险预测、早期筛查和综合管理，为儿童重大疾病的精准防治提供科学依据。

82. 急重症、器官移植、康复和特种医学

针对灾害救援、突发应急处置及特殊环境条件下医学保障的重大需求，重点研究多脏器功能障碍的组织器官损伤机制与干预，休克与心肺脑复苏，常见器官移植的基础理论和干预策略，常见致残致畸疾病的康复理论与新型康复技术，航空、航海、极地、高原等特殊环境下机体稳态失衡与疾病发生及干预，为降低急重症和极端环境相关疾病造成的高死亡率、高致残率，改善患者生存

质量提供支撑。

83. 公共卫生与预防医学

针对加强公共卫生体系建设，提升疾病防控能力的重大需求，重点研究重大传染性疾病和非传染性慢病的流行特征、易感因素与预防策略，重大突发公共卫生事件预警与监测，环境暴露对健康的危害及诊治新策略，生活方式、膳食营养健康与疾病预防，为降低重大疾病及重大公共卫生事件对人民健康造成的危害提供决策依据。

84. 中医理论与中药现代化研究

针对传统中医药服务人民生命健康的重大需求，重点研究证候与病症、藏象与经络等中医理论基础，中医药治未病，经方验方和中医药整体治疗优势病种的科学内涵、系统疗效评价和整合作用机理，中药药效物质代谢，中医药现代化制药和诊疗设备，建立中医药定量化、可读化的表征体系，为促进中医药标准化和现代化、发挥中医在养生保健、疾病康复治疗等方面的优势提供理论和科学支撑。

85. 创新药物及生物治疗新技术

针对人类疾病谱不断演变对创新药物和生物治疗新技术的重大需求，重点研究药物设计和筛选体系，创新药物疗效与毒性评价，发展类器官模型，创建新型生物治疗技术，为新药研制、提升临床治疗水平提供理论依据和技术保障。

86. 智能化医疗的基础理论与关键技术

针对智能化医疗模式对健康医疗大数据获取和分析的重大需求，重点研究健康与疾病状态下组织器官的定位定量数据获取的相关理论与前沿技术，疾病数据资源的规范化和标准化，病理生理特征与临床表型的对应关系，基于人工智能的医学影像、病理、分子特征一体化识别，大数据风险防控等，为推进健康医疗大数据智慧管理和医疗智能决策提供理论基础与技术支撑。

87. 大数据与人工智能时代的计算新理论与新方法

针对大数据与人工智能时代对传统理论方法的挑战，重点研究大数据统计学基础、基础算法，深度学习的数学理论；时空多尺度特征问题的建模与计算；

微观介观模型的不确定性量化；数学物理反问题的分析与计算；E 级计算的高效共性优化算法；物联网的建模、分析与控制；网络与信息安全、脑网络与生物网络中的优化问题。

88. 软物质功能体系的设计、调控与理论

面向生命健康领域对高分子材料的重大需求，从高分子材料和生命软物质体系特点出发，跨越软物质从微观分子结构到宏观聚集态功能之间较长的时间尺度和多重的空间维度，重点研究软物质功能体系的设计原理、调控方法、非平衡态热力学等理论描述，提出新概念、挖掘新功能，为创新高分子材料提供基础理论支撑。

89. 生命体系多层次交互通讯的分子基础

面向生命体系化学通讯研究前沿，重点关注不同种属、同一物种不同层级及不同个体的近程和远程的通讯机制，生物体通讯物质和载体的化学干预和应用，生命体系通讯物质形成的分子基础与相互作用、转化与转运机制，以及对生物生存与功能的影响等，为调控生命体系多层次交互通讯提供理论支撑。

90. 人类活动与环境

面向复杂人-地系统，针对地球环境演化进程及其影响因素，重点研究环境污染过程、调控与修复；生存环境变化与人类社会发展；环境质量演变、预测与管理；污染物的环境风险与健康效应；城镇化与资源环境承载力；人类活动与城乡融合过程、效应及调控；人类活动与资源环境耦合调控；地表环境变化与生态系统服务；综合地域系统演变与要素协同驱动机制；资源环境制衡与风险预警；地表过程致灾机理与链式灾害演化机制；巨灾风险防范与韧弹性社会范式；地质与工程灾害的致灾机理、识别预警与防控；地理实体与虚拟空间映射下重大突发公共安全事件过程推演；环境变化与人畜共患传染病风险，为认识表层环境宜居性的形成机理与各要素耦合关系提供理论支撑。

91. 面向碳达峰碳中和的能源高效利用与节能减排的科学基础

围绕能源高效利用与节能减排的重大需求以及我国碳减排面临的巨大挑战，重点研究化石能源低碳利用，可再生能源高效利用，核能安全利用，超高

参数循环、高密度储能及能质调控，高耗能产业节能与低品位能源利用新理论，建筑、交通领域节能减排技术，制冷/热泵能效提升、多能互补与智慧能源系统新技术，节能减排基础零部件、基础工艺、关键基础材料，研究高效低成本制氢/储氢/加氢，污染物生成机理与控制新方法，为推动能源革命提供理论和技术支撑。

92. 智能运载系统人-机共享驾驶与车-路-云协同技术

围绕自动驾驶中人-机共享驾驶的协同控制要求与挑战，围绕智能运载系统人-车-路-云耦合机制，重点研究智能运载系统人-机冲突机理，智能运载工具人-机协同理论，面向自动驾驶的车-路协同感知及信息融合，人-车-路-云协同智能驾驶规划、决策与系统优化控制等技术，提升交通系统安全与效率，为实现低成本智能驾驶奠定技术基础。

93. 面向复杂应用场景的计算理论和软硬件基础

为有效克服传统计算模式在人机物三元空间的应用局限，重点研究新型计算理论、人机物融合软件理论与方法、人机协作编程与智能化软件、新型数据库系统、新型计算机体系结构与系统软件、高性能计算与存储架构及系统、计算系统可信保障技术等，为实现原创性突破、支撑计算技术新发展奠定基础。

94. 大数据与交互计算技术

面向多元异构空间的信息感知与交互等新需求，探索大数据融合、关联计算和知识发现的新机制，研究人机协同的分布式认知模型和交互范式，攻克增强式感知、交互显示、可视分析等关键技术，推动大数据驱动的人机混合智能与机器学习平台建设，从根本上提升智能交互装备的核心竞争力。

95. 认知和感知的神经生物学基础

围绕认知与感知等与生理、心理健康密切相关的神经生物学问题，重点研究神经细胞谱系及环路发育，脑连接图谱结构与功能，突触信息编码机制，感知觉信息加工的基本单元和过程，行为与认知的神经机制，认知与行为的计算建模，注意与意识的产生和调控，心理异常的干预靶点等，为脑健康、心理健康和相关疾病提供机制性理解和策略性指导。

96. 跨时空、跨尺度生物分子事件探测与解析

生物分子事件是生命活动的基础，其探测与理解是生物学的前沿。重点研究生物分子高分辨率结构解析与功能注释，生物超分子及亚细胞器的结构与装配机制，细胞原位水平的生物大分子结构与动态相互作用，生物大分子分泌机制及代谢调控，生物分子网络，新型多模态跨尺度生物成像技术等，揭示生命活动基本规律，为干预、改造生命活动提供理论指导。

97. 生命体的精准设计、改造与模拟

围绕创建生命体所需的材料遴选、元件构建、工具开发等实际需求，重点研究基因编辑工具与策略，基因元件、调控模块及回路设计，生命机制的定量解析与模拟，智能化生物材料设计，工程化组织器官构建的生物力学和结构基础，功能纳米材料调控生物微环境的时空构效关系等，为合成生物学、基因改造的农业与医学应用提供理论和技术支撑。

98. 农作物有害生物成灾与演变机制及其控制基础

面向农产品供给安全以及生态安全的重大需求，重点研究农田空间分布、生态变化及有害生物发生规律，有害生物在田间不同生境及作物间的传播流行与转移扩散规律，农作物种植结构调整过程中有害生物暴发成灾机制及其控制基础，病虫识别、侵入寄主植物的机理及调控网络，农作物响应有害生物侵袭的机制和信号传递机理，为农业有害生物灾害的绿色防控提供科学理论和技术支撑。

99. 重大外来入侵物种发生机制与防控技术

面向外来入侵物种防控的重大需求，重点研究评估重大危害外来入侵物种的传入、适生、扩散与危害机制机理。构建外来入侵物种监测预警技术体系，研发重大危害入侵物种快速甄别检测与应急处理技术。加快研发高效诱捕、生物天敌等实用技术、产品与设备，建立融合生物防治、物理防治、化学防治、生态修复等的外来物种入侵防控技术体系。为外来入侵物种科学高效防控提供理论和技术支撑。

100. 多学科交叉新型诊疗技术

针对我国创新型医学医疗体系建设对多学科技术集成的重大需求，重点研究组织工程、组织器官 4D 打印、类器官构建、器官芯片等技术的交叉融合及临床应用，重点发展超分辨及可视化医学成像、分子诊断、纳米模拟、医用植入/介入体，以及基于多模态影像的个体化手术规划、导航等医学工程技术，为新型诊疗技术开发及器械研制提供支撑。

101. 复杂系统管理

围绕复杂系统管理的规律，重点研究复杂系统的结构及其性质与演化机制，知识和信息融合建模与分析理论，智能优化、仿真、调控与决策，以及复杂系统风险防控理论，为理解复杂系统管理中微观主体交互活动及其涌现现象提供科学工具。

102. 可持续发展中的能源资源与生态环境管理

实现绿色发展是人类可持续的需求和重要发展理念，重点研究社会-经济-资源-生态环境系统的复杂特征，经济-资源-生态环境系统协同治理，全球变局下生态环境和资源的风险管理，能源资源系统可持续性转型管理，能源系统减排机制与能源市场运行规律，重大突发事件与资源生态安全等，为我国经济社会发展方式选择提供科学依据。

103. 决策智能与人机融合管理

围绕未来人机融合组织的前沿方向，重点研究决策智能的内在机理，决策知识抽取与演绎方法，决策主体智能建模和学习机制，决策生态系统交互演化机理，决策推演与验证方法，智慧管理系统异质参与者的行为机理，混合智能系统的基础理论，混合智能驱动的管理决策理论，混合智能管理系统优化与组织变革等问题，将目前的商务智能（BI）扩展到更广泛的决策智能（DI）。

104. 政府治理及其规律

围绕中国的政府治理和管理实践，重点研究中国特色政府治理结构变迁规律，政府-市场-社会协同的公共服务和资源配置理论，中国特色的政策过程，政府治理体系和治理能力的数字化影响等问题，为数字化时代中的国家治理现代化提供理论保障。

105. 全球变局下的风险管理

围绕中国宏观经济和企业的发展中的风险管理问题，重点探索全球变局中关键风险的复杂性，全球供应链安全与风险管理，全球货币体系的演化规律和风险，全球战略资源贸易网络的演化规律，全面对外开放的国家经济安全理论等问题，为国家和企业有效应对风险、制定国家经济安全决策提供科学支撑。

106. 巨变中的全球治理

聚焦构建人类命运共同体、展现负责任大国担当，重点研究全球治理体系的转型，关键领域全球治理范式及其演化，全球治理参与机制的基础理论，全球治理的规则/技术/工具体系，中国国家治理与全球治理的互动等问题。

107. 全球性公共危机管理新问题

包括新冠肺炎疫情在内的全球性公共危机，对于国家和全人类发展都提出了前所未有的挑战，重点研究公共资源和公共服务系统的应急调度管理，应急资源保障的特殊响应机制设计的管理理论，专业机构与行政机构的应急管理协调决策，危机中的多主体信息行为及其社会影响规律，危机的短期和长期经济影响机理，后危机时代的企业管理变革及其规律等问题，为公共部门和企业提高应对重大突发危机事件的能力和水平提供科学理论。

108. 数字经济的新规律

数字正在成为重要的经济资源和生产方式，因而形成了新的经济形态和规律，重点研究数字经济形态的计量方法、数据资源管理与治理理论、数字技术对经济活动的影响、数字货币理论与技术、数字金融及其风险管理、数字经济规制和监管理论，揭示数字经济的基础理论。

109. 中国经济发展规律

围绕中国经济发展的实践问题，重点研究经济发展与宏观调控的关系，经济发展与分配消费关系的演化，政府-市场-社会互动的经济发展规律，中国经济与全球经济的关系及其演变,中国经济所有制的演化规律与作用机制等问题,发现总结以中国为代表的新兴经济体发展规律。

110. 企业的数字化转型与管理

围绕企业数字化转型中的管理科学问题,重点研究企业的数字化转型模式与战略,数字时代的企业组织变革,数据智能驱动的运营管理理论与方法,数字技术下的营销管理理论,数字时代的协同创新管理,平台型企业管理及其生态治理,数字时代的创业管理理论等问题,为企业的数字化生存发展提供科学基础。

111. 中国企业的管理和新全球化

围绕中国企业管理实践问题,结合中国企业的独特性与新情境,重点研究中国的企业制度和组织管理变迁,社会制度和文化对管理行为的影响机理,企业管理的市场-政府双重驱动理论,企业产权结构演化与企业管理,国际秩序演化下的国际商务新理论,中国企业全球合作网络生态与创新战略重构,中国企业国际化战略与组织变革理论等问题,发现总结具有中国特色且具备普适意义的企业管理新理论。

112. 城市管理的智能化转型

智慧城市正在成为城市的未来形态,重点研究城市管理数字资源的开放与共享治理,多部门协同的智慧城市政务治理与管理决策,城市公共服务系统的管理及其智慧转型,韧性城市治理理论等问题,将对城市的智能化转型提供科学理论和技术工具。

113. 中国乡村振兴与区域协调发展规律

乡村及城乡协调的区域发展是中国未来巩固减贫成果、推动社会经济健康发展的基础需求,重点研究基于中国扶贫实践的反贫困理论,中国减贫战略的转型规律和治理机制,乡村经济与乡村治理模式变迁规律,乡村规划理论和建设评价关键技术,数字技术对乡村振兴发展的影响规律,中国农业的可持续发展路径,城乡融合与区域协调发展机理,区域公共资源和服务的配置与协同优化,区域协同创新的路径及其影响机理等问题,为我国乡村振兴与区域发展,提供科学的理论指导。

114. 人口结构与经济社会发展

人口结构不仅是人类发展的结果，同时也是深刻影响未来社会发展极为重要的因素，重点研究人口结构的影响因素和演化机理，人口结构变化的经济社会影响，人口结构变化下的公共治理基础理论，人口结构对企业（微观组织）管理的影响机理，人口结构变化下的社会治理等问题，从宏观和微观两个角度科学地认识人口结构这种"灰犀牛"型慢变量的复杂演化规律。

115. 智慧健康医疗管理

数字时代为健康-医疗的一体化管理提供了无限可能，重点研究健康医疗大数据资源的管理与治理，基于混合智能的健康医疗管理，智慧健康医疗的过程管理与优化，智慧健康医疗的平台化运营管理，智慧健康医疗生态系统的演化与协同管理，智慧健康医疗驱动的制度变革与机制创新等问题，为推动实施健康中国战略的宏微观管理机制设计和运行提供科学论据。

附件 2　中国科学院战略性先导科技专项

A 类先导专项

干细胞与再生医学研究；空间科学；面向感知中国的新一代信息技术研究；分子模块设计育种创新体系；江门中微子实验；个性化药物-基于疾病分子分型普惠新药研发；空间科学（二期）；临近空间科学实验系统；深海/深渊智能技术及海底原位科学实验站；地球大数据科学工程；黑土地保护与利用科技创新工程；未来先进核裂变能；应对气候变化的碳收支认证及相关问题；低阶煤清洁高效梯级利用；变革性纳米技术聚焦；热带西太平洋海洋系统物质能量交换及其影响；智能导钻技术装备体系与相关理论研究；器官重建与制造；变革性洁净能源关键技术与示范；泛第三极环境变化与绿色丝绸之路建设；美丽中国生态文明建设科技工程。

B 类先导专项

国家数学交叉科学中心；脑功能联结图谱与类脑智能研究；超导电子器件应用基础研究；海斗深渊前沿科技问题研究与攻关；生物超大分子复合体的结构、功能与调控；页岩气勘探开发基础理论与关键技术；功能 pi-体系的分子工程；典型污染物的环境暴露与健康危害机制；超强激光与聚变物理前沿研究；地球内部运行机制与表层响应；结构与功能导向的新物质创制；超常环境下系统力学问题研究与验证；大规模光子集成芯片；关键地史时期生物与环境演变过程及其机制；拓扑物态与量子计算研究；功能导向的原子制造前沿科学问题；脑认知与类脑前沿研究；核物质相结构与重元素合成研究；功能纳米系统的精准构筑原理与测量；多维大数据驱动的中国人群精准健康研究；亚太多尺度气候环境变化动力学；印太交汇区海洋物质能量中心形成演化过程与机制；存算一体基础器件与系统前沿科学；量子系统的相干控制；青藏高原多圈层相互作用及其资源环境效应；大气灰霾追因与控制；拓扑与超导新物态调控；宇宙结构起源—从银河系的精细刻画到深场宇宙的统计描述；作物病虫害的导向性防控-生物间信息流与行为操纵；动物复杂性状的进化解析与调控；土壤-微生物系统功能及其调控；能源化学转化的本质与调控；细胞命运可塑性的分子基础与调控；基于原子的精密测量物理；多波段引力波宇宙研究；下一代高场超导磁体关键科学与技术；植物特化性状形成的分子基础及定向发育调控；病原体宿主适应与免疫干预；大尺度区域生物多样性格局与生命策略；新一代超导与拓扑物理学；基于空间平台的广域超高精密量子光频标；生物大分子复合体结构与功能的跨尺度研究；衰老的生物学基础和干预策略；类地行星的形成演化及其宜居性；光电融合与调控前沿研究。

附件3 科学技术部国家科技重大专项

一、核心电子器件、高端通用芯片及基础软件产品专项

通过专项的实施，在核心电子器件、高端通用芯片及基础软件产品领域有效推动国内相关产业的发展，缩短与国际先进技术水平的差距，并在全球电子信息技术与产业发展中发挥重要作用。专项坚持以企业为主体、市场为导向、产学研用结合的原则，以应用牵引、整机带动、软硬件深度融合为主要发展思路，充分调动相关龙头骨干企业的积极性，注重发挥科研机构和高等院校的科研优势，积极推进科技成果和产业化的有效衔接。

二、极大规模集成电路制造装备及成套工艺专项

通过专项的实施，高端装备和材料从无到有，制造工艺与封装集成由弱渐强，经过十多年的艰苦攻关，研制成功14纳米刻蚀机、薄膜沉积等30多种高端装备和靶材、抛光液等上百种材料产品，性能达到优良，通过了大生产线的严格考核，开始批量应用，实现了从无到有的突破，建立起了完整的产业链，使我国集成电路制造技术体系和产业生态得以建立和完善。通过这些工艺制造的智能手机、通讯设备、智能卡等芯片产品大批量进入市场，提高了我国信息产业的竞争力。

三、新一代宽带无线移动通信网专项

通过专项的实施，全面支撑了我国移动通信技术研发与产业化，我国移动通信发展实现了从"2G跟随"、"3G突破"到"4G同步"的跨越，5G发展取得良好开局，已形成涵盖系统、芯片、终端和仪表等较为完整的产业链，实现了从算法、关键技术、标准、产品到应用的全链条多项关键技术的突破，我

国在移动通信领域的创新能力、产业实力显著提升。

四、高档数控机床与基础制造装备专项

通过专项的实施，形成高档数控机床与基础制造装备主要产品的自主开发能力，总体技术水平进入国际先进行列；建立起完整的功能部件研发和配套能力；形成以企业为主体、产学研用相结合的技术创新体系；基本满足航空航天、船舶、汽车、发电设备制造四个领域的重大需求。

五、大型油气田及煤层气开发专项

通过专项的实施，取得一批引领中国石油工业上游发展、在国际上具有较大影响的油气重大理论、重大技术和重大装备，使我国油气勘探开发自主创新能力和研发水平显著提升。为实现国内石油储产量稳定增长、天然气储产量快速发展、提高海外油气合作开发权益油产量，以及保障国家油气能源安全提供技术支撑。

六、大型先进压水堆及高温气冷堆核电站专项

通过专项的实施，建成具有自主知识产权的大型先进压水堆 CAP1400 和高温气冷堆示范工程，使我国核电技术实现跨越式发展，进入核电技术先进国家行列。

压水堆分项：在引进的 AP1000 三代技术基础上消化吸收，全面掌握以非能动技术为标志的第三代核电技术，研发出具有自主知识产权的 CAP1400 技术，建成示范工程。

高温堆分项：以我国已建成运行的 1 万 kW 高温气冷实验堆为基础，攻克工业放大与工程验证、燃料元件批量制备等关键技术，建成具有自主知识产权的 20 万 kW 级模块式商业化示范电站。

七、水体污染控制与治理专项

通过专项的实施，解决制约我国社会经济发展的重大水污染科技瓶颈问题，重点突破工业污染源控制与治理、农业面源污染控制与治理、城市污水处理与

资源化、水体水质净化与生态修复、饮用水安全保障以及水环境监控预警与管理等水污染控制与治理等关键技术和共性技术。通过湖泊富营养化控制与治理技术综合示范、河流水污染控制综合整治技术示范、城市水污染控制与水环境综合整治技术示范、饮用水安全保障技术综合示范、流域水环境监控预警技术与综合管理示范、水环境管理与政策研究及示范，实现示范区域水环境质量改善和饮用水安全的目标，有效提高我国流域水污染防治和管理技术水平。

八、转基因生物新品种培育专项

通过专项的实施，围绕主要农作物和家畜生产，重点突破基因克隆与功能验证、规模化转基因操作、生物安全评价等关键核心技术，完善转基因生物安全评价技术体系，获得一批具有重要应用价值和自主知识产权的功能基因，培育一批抗病虫、抗逆、优质、高产、高效的重大转基因生物新品种，创建转基因动植物中试与产业化基地，培植新兴生物技术产业，推动我国农业转基因研发应用从局部创新到自主基因、自主技术、自主品种的整体跨越，增强了农业科技自主创新能力，提升了我国生物育种水平，促进了农业增效和农民增收，提高了我国农业国际竞争力。

九、重大新药创制专项

通过专项的实施，已基本建成以科研院所和高校为主的源头创新，以企业为主的技术创新体系，上中下游紧密结合、政产学研用深度融合的网格化创新体系，产出了一批具有重大临床价值的创新成果和临床亟须的化学药、中药和生物技术药，为我国重大疾病的防治提供质优、价廉、安全、有效的药物，显著推动了我国生物医药产业的创新能力和转型发展，不断提升国家新药科技创新能力的水平，加速我国新药研发从以仿制为主向以自主创新为主转变，新药产业从大国向强国转变。

十、艾滋病和病毒性肝炎等重大传染病防治专项

通过专项的实施，研制具有自主知识产权的艾滋病诊断检测体系，艾滋病综合预防干预技术达到国际先进水平，有效降低新发感染率；乙肝"防、诊、

治"能力大幅提升，乙肝及相关肝癌防诊治技术取得突破，有效降低发病率和死亡率；在提高结核病检出率和耐药结核病治愈率等方面的创新能力显著提升；建成应对突发急性传染病防控综合技术网络体系，完善新病原体发现及传染病实验室网络化监测技术，形成技术能力完善的突发急性传染病检测监测、预测预警体系，在病原监测预警、检测、确证和患者应急救治等方面突破了一批关键技术。一批中药组方与治疗方案已纳入国家相关治疗指南或形成行业标准，得到推广应用。建成大规模"三病"防治流行病学研究现场，为探索新型防控模式奠定了基础。

十一、大型飞机专项

"十一五"期间重点实施的内容和目标分别是：以当代大型飞机关键技术需求为牵引，开展关键技术预研和论证。以国产大型飞机的系统集成、动力系统和试验系统的设计、开发和制造为重点，突破关键核心技术，为研制大型客机做好技术储备。

十二、高分辨率对地观测系统专项

"十一五"期间重点实施的内容和目标分别是：重点发展基于卫星、飞机和平流层飞艇的高分辨率先进观测系统；形成时空协调、全天候、全天时的对地观测系统；建立对地观测数据中心等地面支撑和运行系统，提高我国空间数据自给率，形成空间信息产业链。

十三、载人航天与探月工程专项

"十一五"期间重点实施的内容和目标分别是：突破航天员出舱活动以及空间飞行器交会对接等重大技术，建立具有一定应用规模的短期有人照料、长期在轨自主飞行的空间实验室。探月工程从绕月探测起步，研制月球探测卫星，突破月球探测的关键技术，为全面开展探月工程奠定基础。

附件4 中国工程科技中长期发展战略研究重大工程和重大工程科技专项

重大工程

煤炭的清洁高效可持续开发利用工程，节能工程，快堆核能系统工程，固体矿产资源—经济—环境相协调的探测与开发工程，流程工业绿色制造及循环经济生态链构建，重点流域与区域污染防控工程，生态环境保护与建设工程，生物碳汇扩增工程，新一代信息网络工程，国家防灾减灾与应急信息系统工程，能源及信息产业用关键材料系统，先进设计与智能装备创新工程，新能源汽车大规模产业化工程，250座级宽体飞机，航空发动机工程，载人探月与深空探测，生物种业工程，食物安全保障工程，慢病防控工程，清洁能源、低能耗农村建设示范工程，综合交通系统工程，水资源可持续利用工程，海洋立体监测和信息服务系统。

重大科技工程专项

可再生能源产业化，智能电网，非常规天然气开发和高效利用，500—2000米深部矿床勘查，远程遥控及自动化采矿示范工程，全球环境问题应对，环境监测预警与风险评价技术体系，环保产业技术支撑体系，流程工业减排、回收和利用 CO_2 技术及减排评价的方法学研究，仪器仪表，认知计算，大数据技术与软件专项，信息化农业工程关键技术与系统集成，数字卫生，稀土功能材料及生物医用材料工程化技术，纳米、超导材料及资源与环境友好材料工程化技术，高端及微纳制造技术，汽车自主创新，轨道交通装备，绿色船舶技术，多功能多模式卫星系统以及应用研究专项，纺织产业创新发展关键技术，重大植物病虫害和动物疾病防控关键技术，再生医学，城乡建筑低碳节能，西部强震区高坝大库抗震安全，深海资源勘探开发与利用，海水资源开发与利用，智能城市。

参 考 文 献

奥尔森 M. 1995. 集体行动的逻辑[M]. 上海: 上海人民出版社.

毕娟. 2011. 基于公共物品理论的政府科技管理定位研究[J]. 科技进步与对策, 28(11): 6-9.

布什 V, 霍尔特 R D. 2021. 科学: 无尽的前沿[M]. 北京: 中信出版社.

曹玲静, 张志强. 2022. 发展高风险高回报研究的科技政策机制[J]. 中国科学院院刊, 37(5): 661-673.

陈德棉, 刘云, 朱光美. 1996. 科技优先领域的概念、评价方法及应用[J]. 科研管理, (1): 17-21.

陈方. 2020. 德国新版国家生物经济战略的优先领域[J]. 世界科技研究与发展, 42(2): 143.

陈敬全. 2004. 科研评价方法与实证研究[D]. 武汉: 武汉大学.

陈琴, 蒋合领, 王晴. 2015. 基于 CSSCI 的我国智库研究态势可视化分析[J]. 情报杂志, (7): 71-76.

陈玉祥. 1993. 科学选择和优先领域确定[J]. 中国软科学, (2): 30-32.

陈媛媛, 赵宏伟. 2020. 欧盟与中国科技计划管理机制对比分析及启示[J]. 科技智囊, (8): 1-80.

常静. 2012. 科学的方法是规划制定的重要支撑——"地平线 2020"制定的主要方法分析[J]. 华东科技, (6): 41-43.

程万高. 2010. 基于公共物品理论的政府信息资源增值服务供给机制研究[D]. 武汉: 武汉大学.

迟岚. 2004. 俄罗斯科技体制改革[J]. 中国社会科学院研究生院学报, (1): 86-89, 142.

崔永华. 2008. 当代中国重大科技规划制定与实施研究[D]. 南京: 南京农业大学.

董金华. 2008. 科学、技术与政治的社会契约关系研究[D]. 杭州: 浙江大学.

段异兵. 2005. 美国国家科学基金会优先领域资助模式分析[J]. 中国科学基金, (2): 63-66.

发达国家科技计划管理机制研究课题组. 2016. 发达国家科技计划管理机制研究[M]. 北京: 科学出版社.

冯璐, 冷伏海. 2006. 共词分析方法理论进展[J]. 中国图书馆学报, 32(2): 88-92.

高卉杰, 王达, 李正风. 2018. 技术预见理论、方法与实践研究综述[J]. 中国管理信息化, 21(17): 80-84.

耿建东, 方金云, 张润彤. 2011. 科技优先领域项目评价体系研究[J]. 中国基础科学, 13(6): 14-19.

龚旭, 夏文莉. 2003. 美国联邦政府开展的基础研究绩效评估及其启示[J]. 科研管理, 24(2): 1-8.

龚萱. 2007. 创新视野下的大学生科技价值观教育[J]. 高等教育研究, (1): 87-90.

古斯顿 D. 2011. 在政治与科学之间: 确保科学研究的诚信与产出率[M]. 龚旭译. 北京: 科学出版社.

关健, 刘立. 2008. 欧盟框架计划的优先研究领域及其演变初探[J]. 中国科技论坛, (1): 136-140.

关忠诚, 许惠. 2008. 一种三维科学发展优先领域遴选方法研究[J]. 科学学与科学技术管理, 29(11): 45-48.

国家制造强国建设战略咨询委员会, 中国工程院战略咨询中心. 2016. 《中国制造 2025》解读——省部级干部专题研讨班报告集[M]. 北京: 电子工业出版社.

侯明. 2019. 美国创新战略对我国加快推进创新型国家建设的启示[J]. 技术与创新管理, 40(1): 25-30.

黄恒学. 2002. 公共经济学[M]. 北京: 北京大学出版社.

黄吉, 张虹. 2017. 大力塑造科技创新决策的"司令塔"——日本综合科学技术创新会议的发展经验与启示[R]. 上海: 上海科技发展研究中心.

蒋芳, 侯华丽, 董萌, 等. 2020. 浅析科技优先领域选择实践中的困境与误区[J]. 科技管理研究, 40(6): 42-48.

蒋烽, 郝惠英. 1999. 定性调查方法在确定妇幼卫生优先领域中的作用[J]. 中国妇幼保健, (8): 59-61.

金春华, 许晔, 葛新权. 2010. 2005~2009年美国国家科技计划优先领域选择分析[J]. 科学管理研究, 28(4): 54-57, 68.

匡建江, 沈阳. 2014. 英国技术战略委员会公布创新研究投资的重点领域[J]. 世界教育信息, 27(20): 73.

李达, 池迅由之, 陈英耀. 2017. 日本全球卫生策略及特点[J]. 中国卫生政策研究, 10(11): 13-19.

李秋心. 2010. 中西方传统科技价值观比较[J]. 大理学院学报, 9(3): 21-24.

李振兴. 2016. 英国研究理事会的治理模式研究[J]. 全国科技经济瞭望, 11: 52-59.

李正风. 2005. 科学知识生产方式及其演变[D]. 北京: 清华大学.

李志民. 2018. 美国科研机构概览[J]. 世界教育信息, 31(5): 6-10.

廖苗. 2014. 科学的社会契约与后常规科学[J]. 自然辩证法研究, 30(10): 54-59.

刘慧晖, 任宪同, 刘肖肖, 等. 2019. 基础研究优先领域遴选实践初探[J]. 中国科学基金, 33(5): 429-433.

刘久畅. 2019. 浅析美国国家医学科学院战略咨询管理体系对我国的启示[J]. 中国卫生产业, 16(15): 22-24.

刘云. 2002. 基础研究的发展特征与优先资助领域选择[J]. 科学学与科学技术管理, 23(7): 23-26.

马费成, 张勤. 2006. 国内外知识管理研究热点: 基于词频的统计分析[J]. 情报学报, 25(2): 163-171.

孟溦, 刘智渊. 2009. 英国研究理事会绩效管理与评估[J]. 中国科学基金, 23(4): 247-252.

浦根祥, 孙中峰, 万劲波. 2002. 试论技术预见理论的基本假设[J]. 自然辩证法研究, 18(7): 40-43.

邱丹逸, 袁永. 2018. 日本科技创新战略与政策分析及其对我国的启示[J]. 科技管理研究, 38(12): 59-66.

邱均平. 2001. 信息计量学(九): 第九讲 文献信息引证规律和引文分析法[J]. 情报理论与实践, 24(3): 236-240.

施若谷. 1999. "科学共同体"在近代中西方的形成与比较[J]. 自然科学史研究, 18(1): 1-6.

十年决策——世界主要国家(地区)宏观科技政策研究研究组. 2014. 十年决策——世界主要国家(地区)宏观科技政策研究[M]. 北京: 科学出版社.

宋海刚. 2016. 欧盟科技计划管理的咨询与决策机制研究[J]. 全球科技经济瞭望, 31(8): 21-26.

孙成权, 张海华, 王振新. 2006. 美国政府研发投入与优先领域及启示[J]. 中国科技论坛, (3): 132-136.

孙永福, 王礼恒, 孙棕檀, 等. 2017. 引发产业变革的颠覆性技术内涵与遴选研究[J]. 中国工程科学, 19(5): 9-16.

田慧芳. 2017. 金砖国家可持续发展合作的优先领域与政策选择[J]. 国际经济合作, (8): 17-21.

汪凌勇, 董瑜. 2020. 美国国家纳米技术计划评估及启示[J]. 全球科技经济瞭望, 35(6): 26-31.

王锋. 2020. 联邦网络空间安全研究和发展战略计划[J]. 信息安全与通信保密, (2): 43-66.

王海燕, 冷伏海. 2013. 支持科技规划优先领域选择的战略情报与服务框架研究[J]. 图书情报工作, 57(7): 70-74.

王珏, 郑永和, 汪寿阳, 等. 2012. 国际科学基金资助战略研究[M]. 北京: 科学出版社.

王瑞祥, 穆荣平. 2003. 从技术预测到技术预见: 理论与方法[J]. 世界科学, (4): 49-51.

谢明. 2008. 公共政策导论(第二版)[M]. 北京: 中国人民大学出版社.

杨多贵, 周志田. 2006. 遴选科技发展优先领域和重点方向要以服务于国家战略目标和国家战略利益为最高原则[J]. 经济研究参考, (75): 1, 45.

杨国梁, 龚旭. 2013. 科学政策如何确保科研的诚信与产出率?[J]. 科技导报, 31(23): 80.

杨立英, 周秋菊, 岳婷. 2011. "科学前沿领域"挖掘的文献计量学方法研究[R].

张玲玲, 刘作仪, 李若筠, 等. 2006. 管理科学与工程学科战略规划研究[J]. 科学观察, (2): 8-15.

张贵红, 谭瑞宗, 朱悦. 2015. 作为公共产品的科技资源价值实现研究[J]. 科技进步与对策, 32(7): 29-32.

张萍, Ding Lin, 徐祯. 2022. 2011—2020年间美国国家科学基金对物理教育研究领域资助情况分析[J]. 中国科学基金, 36(3): 516-522.

张维, 李帅, 熊熊. 2006. 科技优先领域的遴选方法及应用[J]. 科学学研究, 24(6): 906-910.

张扬眉. 2013. 美国国家航空航天局的组织机构与管理体制简述[J]. 卫星应用, (5): 73-79.

张应禄, 李滋睿. 2004. 农业科技发展优先序研究方法的探索及其在畜牧业科技发展中的应用[J]. 中国农业科技导报, (6): 47-55.

张志强, 苏娜. 2016. 国际智库发展趋势特点与我国新型智库建设[J]. 智库理论与实践, (1): 9-23.

赵成根. 2007. 新公共管理改革: 不断塑造新的平衡[M]. 北京: 北京大学出版社.

赵丽莎. 2015. 基于公共产品理论的科技资源优化配置研究[J]. 中国市场, 38: 158-160.

赵世峰. 2015. 俄罗斯科学基金将引入新的资助形式[J]. 世界教育信息, 28(3): 73.

制造强国战略研究项目组. 2015. 制造强国战略研究-综合卷[M]. 北京: 电子工业出版社.

Buchanan J M. 1967. Public Finance in Democratic Process, Fiscal Institutions and Individual Choice[M]. Chapel Hill: University of North Carolina Press.

EPSRC. Balancing Capability—How we set & monitor portfolio strategies [EB/OL]. https://epsrc.ukri.org/research/ourportfolio/setting-monitoring-portfolio-strategies/[2024-04-29].

EPSRC. Digital Economy [EB/OL]. https://epsrc.ukri.org/research/ourportfolio/themes/digitaleconomy/[2024-04-29].

European Commission. Communication from the President to the Commission: Framework for the Commission expert groups: Horizontal rules and public register [EB/OL]. http://ec.europa.eu/transparency/ regexpert/PDF/C_2010_EN. pdf[2024-04-29].

European Commission. Framework for Commission Expert Groups: Horizontal Rules and Public Register [EB/OL]. http://ec.europa.eu/transparency/regexpert/PDF/C_2016_3300_F1_COMMUNICATION_TO_CO MMISSION_EN. pdf[2024-04-29].

European Commission. Rules for experts evaluating tenders[EB/OL]. https://ec.europa.eu/info/about-european-commission/service-standards-and-principles/transparency/register-expert-groups/rules-experts-evaluating-ten ders_en[2024-04-29].

Gornitzka Å, Sverdrup U. 2011. Access of experts: Information and EU decision-making[J]. West European Politics, 34(1): 48-70.

Liu L. 2009. Research Priorities and Priority-Setting in China[R]. Stockholm: VINNOVA –Verket för Innovationssystem /Swedish Governmental Agency for Innovation System.

Martin B R. 2001. Matching social needs and technological capabilities: research foresight and the implications for social sciences[J]. Social Sciences and Innovation, 105-116.

National Aeronautics and Space Administration. FY 2021 Volume of Integrated Performance[EB/OL]. https://www.nasa.gov/sites/default/files/atoms/files/fy2021_volume_of_integrated_performance.pdf[2019-09-30].

National Aeronautics and Space Administration. NASA Strategic Plan 2018 [EB/OL]. https://www.nasa.gov/sites/default/files/atoms/files/nasa_2018_strategic_plan. pdf[2024-04-29].

National Research Council. 2015. Sea Change: 2015-2025 Decadal Survey of Ocean Sciences[M]. Washington, D. C.: The National Academies Press.

National Science Foundation. 2018. Building the Future: Investing in Discovery and Innovation NSF Strategic Plan for Fiscal Years (FY) 2018-2022[R].

National Science & Technology Council. 2019 Federal Cybersecurity Research and Development Strategic Plan[EB/OL]. [2019-12]. https://www.nitrd.gov/pubs/Federal-Cybersecurity-RD-Strategic-Plan-2019. pdf [2024-04-29].

National Science Foundation. NSF Organizational Chart[EB/OL]. https://www.nsf. gov/staff/organizational_chart. pdf [2024-04-29].

Samuelson P A. 1954. The pure theory of public expenditure[J]. Review of Economics and Statistics, 36: 387-389.

van Schendelen R. 2006. The in-sourced experts[J]. Journal of Legislative Studies, 8(4): 27-39.

Vollenbroek F A. 2002. Sustainable Development and the Challenge of Innovation[J]. Journal of Cleaner Production, 10(3): 215-223.